AZOTH,

OV LE MOYEN DE FAIRE

L'OR CACHE' DE

PHILOSOPHES.

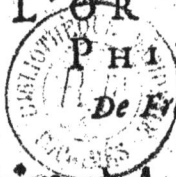

De Frere Basile Valentin.

Senior   Adolphus

A PARIS,

Chez IEREMIE & CHRISTOFLE PERIER,
au Palais.

M. DC. XXIV.

2

AZOTH,

OV LE MOYEN DE FAIRE
l'Or caché des Philosophes,
de Frere Basile Valentin.

Premiere Partie.

ADOLPHE. LE VIEILLARD.

Enerable Vieillard,
bien vous soit, vous ap-
perçeuât il y à ja long-
temps, de loing, seul,
proche de cét arbre ; pensant ie
ne sçay quoy en vous-mesme, ie
ne puis plus tarder que ie ne m'a-
proche de vous, pour m'infor-
former du sujet de ceste meditation.

LE VIEILLARD.
Pour vray (ô ieune Adolescent)

A ij

maintenant il m'eſt permis de
cognoiſtre les choſes qui me
ſembloient en mon ieune aage
incroyables,& hors de raiſon,car
lors que i'eſtudiois, boufſy d'orgueil, ie me preſumois ſçauoir
toutes choſes, & maintenant à la
fin de mon aage, ie prends plaiſir
de rechercher auec grand ſoin,ce
grand liure plein de difficulté de
la Nature,encore que ie voy toutesfois toute occaſion & lógueur
du temps, paſſer comme vne eau
coulante,& dequoy grandement
ie me plains.

A d o l p h e.

C'eſt à la verité ce que i'admi-
re en toy (ô Vieillard) quand ie
conſidere les affeƈtions ſi contraires entre nous : car il te ſemble que le temps ſ'enuole deuant
la ſaiſon , & les iours me ſemblét

aller trop lentement, pour ceste
cause il y à long-temps que ie de
fire monter à cheual, & trouuer
compagnie plaisante qui me
puisse oster la fascherie que m'a-
porte le temps, coulant si lentement.

LE VIEILLARD.

Certainement, ô amy, ie vous
voy en la fleur de vostre aage,
d'vne face liberale, partant ie se-
rois tres-aisé de sçauoir vostre
nom, & vostre race, estimant que
n'aurez des-agreable, si tout soup-
çon de fraude osté, ie demande
vostre nom, & la condition de
vostre vie.

ADOLPHE.

Mon nom est Adolphe, & ma
Patrie Hassie, laquelle m'a en-
seigné les lettres dés mon bas
aage, & aduancé en aage, i'ay

laiſſé les eſtudes, & ay appris la
marchandiſe, & n'ayant ny Tu-
teur, ny Gouuerneur, meſmes
adminiſtrant mes biens paternels, i'ay eu enuie d'aller voyager,
& voir les terres les plus eſloi-
gnées, & certainement deuant
toutes choſes, il me plairoit aller
à Rome, maiſtreſſe de l'Vniuers,
auec compagnie, toutesfois ie deſire auant entendre voſtre conſeil, comme homme bien verſé à
l'vſage des choſes, & experience.

LE VIEILLARD.

Mon conſeil ne vous manque-
ra pas, pourueu que vous ne refuſiez d'obeyr aux bons aduis que
ie vous donneray, pource que
i'ay moyen de vous en ayder plus
facilement, ayant la cognoiſſance de ces lieux.

ADOLPHE.

l'eſtime qu'il me ſera loiſible
de vous obeyr, à vous principalement qui eſtes vieil, & auez l'experience des choſes: de grace
monſtrez à celuy qui erre, & ſuit
les chemins obſcurs? vous iuge-
rez auoir trouué vn auditeur docile & attentif.

LE VIEILLARD.

Vous dites, mon fils, que vous
auez deſir de voir Rome, mais te-
nez-vous pour perſuadé que i'ay
veu veritablement ceſte teſte de
l'Vniuers, mais eſtant maintenāt
fait plus ſage par l'aage, ie ſuis
plus aduiſé & attentif aux perils
& dangers. Or ſuiuant mon aduis, ne veüillez conuerſer long-
téps en ces lieux, car ce lieu-là eſt,
à la verité, ce que ie vous diray
plus amplement cy-apres. Mais
il me deſplaiſt grandement que

ie vous voy accufer la longueur
du temps en fi parfaitte fanté,
bien que vous n'ayez enduré la
violance d'aucune maladie, eftát
en cefte fleur d'aage. Ie fouhaitte
donc que vous eftimiez ces chofes deuoir eftre prifées auec plus
de confideration, car vous voyez
que i'ay pluftoft acquis ces chofes en moins de temps, que ie
n'ay paffé cefte longueur de ma
vie: Il n'eft licite de paffer le téps
en oyfiueté, mais pluftoft foigneufement, & auec diligence,
s'addonner à la cognoiffance de
Dieu, & de fes œuures, & y employer les forces de nos fens, car
nous fommes creez à l'Image de
Dieu, à cefte fin, & non pas à la
femblance des beftes, qui ont
efté produites pour noftre vfage. Nos yeux donc foient ou-

uerts, & nos oreilles attentiues
pour loüer Dieu, fuyr l'oyfiueté,
& employer le temps aux eftudes.　　ADOLPHE.

Veritablement, mon Vieillard,
il me femble auoir def-ja compris les chofes qui me font neceffaires, car i'ay acquis la cognoiffance de la langue latine, & la notice, recueillie de la doctrine Ari-
ftotelique. I'apperçoy bien qu'il
n'eft de befoin de fe trauailler
tant en ces eftudes, principallement quand ie recognois que
toutes chofes font imparfaites &
vaines, & qu'il n'y à aucun Maiftre, ou Docteur de l'Art, qui conduife les actions en telle forte,
fans fraude & tromperie, qu'il
puiffe acquerir dextrement la fin
defirée. L'eftude de l'Aftrono-
mie, qui deburoit eftre deuant

tous autres Arts tres-certain, &
indubitable , eſt du tout incer-
tain, trompeur, & inconſtant, on
fait pareil iugement de la Medecine. Qui eſt celuy qui conſidere
les mauuaiſes couſtumes & er-
reurs qui ſe gliſſent és eſcripts ſa-
crez des Theologiens, veu que
l'on ne doit douter de la Saincte
Eſcriture, de ſa fermeté & conſtance , & neantmoins elle eſt
preſque priſe en diuers ſens de
tous, & n'y à fin aucune des con-
trouerſes, par icelle les vns eſpiét
la vie d'autruy , les autres tuënt
l'ame, les autres pourchaſſent les
biens, & n'y à fin aucune de lar-
cins, de rapines, de debats, & que-
relles, & chacun a accouſtume de
loüer, & dire ces œuures eſtre, ou
de grande doctrine, ou de prudence, ou de force. Mais encore

que ieune, ie ne puis confentir à
ces chofes, bien que ie n'eftudie
plus, principallement à caufe que
ie voy que le vray but eft de chacun prefque delaiffé, & que ces
iours paffez il me fut reproché
par vn certain Villageois, que les
plus doctes font les plus mefchants, & les plus pernicieux : &
aucuns craignent (non fans raifó)
que les doctes porteront la peine de cefte chofe par leur propre
méfait : Et n'y à raifon aucune
pour laquelle nous nous retirons
de la vraye & celefte doctrine,
veu qu'elle nous a efté diuine-
ment delaiffée par le Verbe In-
carné, comme ie l'ay cy-deuant
entendu de vous. Mais pour
mieux dire, la fageffe humaine &
le cercle inconftant des doctri-
nes eft imparfait, & croy que

vous ferez de mõ opinion en ce.

LE VIEILLARD.

Il eſt bien vray-ſemblable, &
ie m'attribuë la cognoiſſance de
la langue latine, mais la notice
des langues eſtrangeres n'a point
de lieu propre, ny peculier, & ne
ſemblent neceſſaires aucuneṁẽt:
comme eſt la langue Hebraïque,
& Grecque, par leſquelles la cognoiſſance de tous les Arts nous
a eſté anciennement enſeignée,
& nous voyons auſſi que ces langues eſtrangeres ſont principalement neceſſaires aux maiſons des
Princes, à cauſe des affaires diuers, & eſt vn excellent don de
Dieu, lequel paroiſt à l'exemple
de ceux qui édifioient la Tour de
Babel, entre leſquels y eut confuſion merueilleuſe des langues, à
celle fin qu'eſpars par toutes les

contrées, & parties du monde, ils
ne fe peuffent accorder. Toutesfois ces chofes eftoient tellement
gouuernées de Dieu, tres-bon, &
tres-grand, qu'ils le feruirent, &
par la force du Sainct Efprit (les
deuots de tous les Gentils amaf-
fez) cefte Tour, baftiment fol, a
efté conuertie par le miniftere
des Apoftres, en Temple de Dieu,
fainct & facré, dans lequel font
entenduës les loüanges de Dieu,
car la confufion ne plaift à Dieu,
comme au contraire le Diable eft
Autheur de difcordes, & querel-
les, & Dieu en Trinité nous demande la paix, & la concorde,
mefme de toutes chofes; Cefte
eft la paix, apparoiffant par deffus
tous, en laquelle le monde a efté
fait, & reluifent les Gouuerne-
mens des Royaumes en laquelle

Iefus - Chrift noftre Sauueur, &
fes Difciples, nous ont laiffé vn
exemple qu'il faut imiter auec
foing:Et certes,ces chofes fuffirôt
de la cognoiffance des langues
diuerfes, mais quand au falut des
Ames,il n'eft pas neceffaire d'employer fon aage pour acquerir la
cognoiffance des langues, mais il
eft expedient que nous entendions les fermons facrez des Pre-
dicateurs, & que nous lifions les
Efcriptures Sainctes auec diligéce,comme ils font,és principalles
trois langues, la langue naturelle
eft propofée à tous, de mefme la
Philofophie naturelle, & le foin
d'acquerir des biens de fortune.
Mais les fages mondains , & les
rufez de ce fiecle , prennent chemins diuers, & non contents du
gouuernemét ordonné de Dieu,

cerchent les eftrangeres & contraires: De là le precieux threfor
du temps eft diffipé, & les Ames
en grand danger de fuccomber
à la fin du fiecle, que Dieu vifite-
ra la derniere Ville de Hierufalem, c'eft à dire, le monde vniuerfel, & le iugera: Auffi femblablement paroiftront les trois ennemis capitaux, & principaux, les
fpirituels comme ils eftoient deuant la venuë de Iefus-Chrift, &
fa Paffion, mais à fon dernier ad-
uenement leur confeils feront
vains & ridicules deuant le Tribunal de Iefus-Chrift. Si donc il
arriue que ceux-là viennent par
cy-apres, nous cognoiftrons la
fin du monde approcher : car en
mefme temps les diuerfes fectes
des Pharifiens, Sadducéens, & Ef-
féens fe leueront : fçauoir fi les

PharifiensOperateurs n'eftoient
pas arreftez à la lettre, occupez
aux œuures externes, n'ayant cognoiffance de l'Efprit , ny de la
venuë duMeffie. Les Sadducéens
ne nioient-ils pas la refurrection
des morts?LesEfféens remplis de
l'Efprit Anabaptifte ne combat-
toient-ils pas contre la Saincte
Trinité ? le premier blafpheme
contre la puiffance de Dieu , le
fecond contre la mifericorde , &
le troifiefme plain d'injure contre le iufte & vray Efprit de Dieu.
On cognoift de là que les hommes font touf-jours contraires à
la loy de Dieu, & bien qu'ils fuffent plufieurs en nombre & di-
uerfité de fectes , toutesfois e-
ftoient nommées les principa-
les, lefquelles tafchoient de nuire en la doctrine de la Saincte
Trinité:

Trinité : car les vns d'Orient, les
autres d'Occident, changeant
feulement leurs noms, multi-
plioient de iour en iour en malice, & les Iuifs eftoient en petit
nombre, & y auoit peu de Iuifs
qui fuffent addonnez au vray
cult, lefquels menans vne vie fecrette, auec grand foin, ils fuyoiét
les embufches de ce monde. Il
faut donc efprouuer tout efprit,
mais qu'vn chacun de nous s'ef-
prouue foy-mefme par le Verbe
diuin, comme par la pierre de
touche : que fi ainfi eft, cét Efprit
en efpluchant d'vn chacun la có-
fcience, demeurera à toute ef-
prouuée : Ces chofes foient dittes
de la cognoiffance des langues :
& tenez pour certain que la con-
feruation naturelle, iournaliere,
& eternelle de l'homme, & fa co-

B

gnoiſſance ne conſiſte ſeullemét
à la recherche du corps animal,
(car il n'appartient qu'aux hommes d'errer)mais pluſtoſt en l'ac-
quiſition de la perfection de l'v-
ne & l'autre partie, c'eſt à dire,tát
du corps que de l'eſprit,au Verbe
Diuin,laquelle conſeruation l'in-
ueſtigation de naturedoit ſuiure,
car nous prenons de Dieu noſtre
origine, nous retournons à luy-
meſme,&en iceluy nous nous ar-
reſtons, car le Verbe eſt la ſeule
regle & le ſceptre, & la nature la
regle de toutes creatures, preparant la voye pour l'habitation de
l'ame & du corps, par leſquelles
choſes on cognoiſt certainemét
le ſage,aymant Dieu.Ariſtote n'a
pas eu vraye cognoiſſáce de toutes ces choſes,encore qu'il fuſtde
grande doctrine,& excellent par

deſſus tous, en ſubtilité de raiſon
humaine, car il eſt permis de le
voir aueugle aux choſes de ce
monde. Il en faut autant dire de
ſes ſectateurs, encore que leur nó
ſoit en grande eſtime & authorité enuers pluſieurs. Or deuant
toutes choſes il faut exactement
conſiderer le temps, & ſuiure l'e-
ſtude de verité & iuſtice de toute noſtre force, & implorer l'aide
du S. Eſprit, qui nous eſlargiſt la
cognoiſſáce des choſes ſpirituelles, & virilement prendre garde
que par les vices nous ne tom-
bions dans le labyrinte de ce móde, mais ſuiuans le bien & equité,
& ne permettans écouler vn iour
ny heure ſans trauailler, toutes
nos actions conduiſions à la gloire du nom de Dieu, & au proffict
du prochain.

B ij

ADOLPHE.

Vous auez ſi amplement parlé de toutes ces choſes, mõ Vieillard, qu'à peine en ay-je retenu
quelque partie, dont ie vous puiſſe reſpódre, ie voy bien qu'il faut
ſuiure le bien en toute diligence
& ſoin, & n'eſtime pas qu'il ſoit
bon ſe haſterde reſpondre à tous
les points enſemble, mais lentement, & apres y auoir bien ſon-
gé.

LE VIEILLARD.

Il faut apprendre, mon amy,
les choſes que vous confeſſez
ignorer encore, car ie confeſſe
que par le moyen des ſages & anciens, ie ſçay le chemin facile &
deſiré, lequel ne deſeſperés pouuoir atteindre, pourueu que vous
y apportiez la volonté & diligence requiſe.

ADOLPHE.

Certes i'ay grand defir d'entendre de vous toutes ces chofes,
& employeray tout mon eftude
& labeur pour fatisfaire à mon
defir, principallement quand ie
cognois que toutes ces chofes
font vtiles & honneftes.

LE VIEILLARD.

Deuant toutes chofes eft à cô-
fiderer auec beaucoup de raifon
la nobleffe &excellence des 7.di-
gnitez,lefquelles ie vousmettray
par ordre maintenant ; qui font,
la fanté heureufe,& la charge foi-
gneufe du temps,laquelle eft triple, mais eft à rejetter le foin de
la bonne grace, de l'authorité &
eftimation humaine, comme
auffi de la force, & de la puiffance,& des richeffes,& de fa propre
commodité, car ces quatre font

dons defquels ont accouftumé
les hommes d'abufer, fans y pré-
dre garde. Que fi Dieu tres-puif-
fant, & tres-grand, ne nous vifi-
toit à caufe d'iceux dons par afflictions & tentations, & quel-
quesfois par mort foudaine, auffi ne patientoit (comme par maniere de dire) de chaftier les humains, (car deuát luy il n'y à point
efgard des perfonnes, confideration de dignité, ariftarque l'efprit
de l'homme, ignore ce qui eft, &
fe fait, foir & matin) nous paruié-
drions facilement à la contem-
plation & cognoiffance de ces
biens. Mais vn chacun de nous a
auffi foin, apres le falut de l'ame,
de l'eternelle & perpetuelle fanté, de la paix durable, de l'angeli-
que beauté, de la force & celefte
fapience, & des threfors de la

gloire, lefquelles chofes nous
font promifes, & en attendons le
fruict & communication par noftre Sauueur Iefus-Chrift, mais
non pas en ce corps corrompu &
gafté. Si nous perleuerós iufques
à la fin de cheminer en fes voyes
& enfeignemens, & iufques à
l'arche vraye de confideration.
Car qui obeyra à la volonté Diuine, defcouuerte & demonftrée
au liure de vie, fon nom ne fera
effacé de ce liure de vie, car nous
fommes tous appellez. Encore
que veritablement ie deburois
dire quelque chofe de la gloire
de ce monde, laquelle eft vraye,
toutesfois eft nulle, & du tout
morte, comparée à la gloire celefte, encore qu'elle foit vn threfor
tres-precieux, car ie la recognois

telle, finon qu'elle eft caduque &
vaine, non pas perpetuelle & immortelle comme la gloire celefte, Iefus-Chrift. Or heureux &
vrayement heureux ceux, l'efprit
defquels Dieu illumine par les afflictions, & les conduit iufques là
où il femble que les chofes temporelles n'ont point d'efficace,
car alors le debat fpirituel, la lut-
te & les armes, paroiffent à ceux
qui en vfent: mais ie fuis d'accord
que cefte force defpend du feul
Verbe de Dieu, & eft concedée
aux hómes à l'article de la mort,
mais non pas à tous : de là auffi
prenans les chofes au rebours
qu'elles ne font, & faifant peu de
conte de la vie celefte, nous me-
nons vne vie du tout oyfeufe &
voluptueufe, eftimans que nous
n'auons qu'à combattre la natu-

re, bien qu'il en aille autrement,
d'où vient la feuereté en toute la
vie de l'homme, qui fait office de
tyran. De là eſt éuident que l'eſprit de l'homme eſt aſſujetty aux
paſſions & tourmens, auſſi comme l'eſprit a le premier peché, il
a conſommé les pechez en ſecõd
lieu par ſon corps. En la meſme
façon le chagrin perpetuel & l'affliction precedent la mort, & la
fait paroiſtre à l'hóme plus hor-
rible que toutes les choſes, &
principalement à ceux qui ont
mené vne vie ſale, vilaine, & deſ-
honneſte, alors le remords de có-
ſcience trauerſe les ames des hómes de mille tentations. Pleuſt à
Dieu que nóus cogneuſſions
vrayement la gloire d'iceluy au
temps de la grace offerte, & que
la peuſſions cóprendre des yeux,

& des oreilles, comme conſtituez
au precedent, & à l'aduenir, par
ſon verbe, dás lequel ſont cachez
les threſors celeſtes & eternels, &
qui demeurent apres la fin & de-
ſolation de toutes choſes, bien
que toutes choſes ſoiét remplies
de la Majeſté Diuine, & que d'i-
celle toutes les creatures & œuures de ſes mains portent témoi-
gnage au Ciel, ſoubs le Ciel, en
terre, & ſous la terre. Car en toutes ces choſes, il eſt loiſible de có-
templer Dieu ſouuerain, & mai-
ſtre en la puiſſance de ſa vertu, &
en ſa bonté: Que ſi nous conſide-
rons cela auec diligence, nous
trouuerons qu'il nous conuient
contempler les grands threſors
de la ſageſſe, affin que outre la
cognoiſſance de ſon verbe, trem-
blans deuant ſa face, à cauſe de

l'imbecilité de noſtre eſprit, nous
puiſſions acquerir iceux threſors
(qu'à grand' peine pouuiós nous
iamais eſperer) quand nous cóſi-
deronsDieu tres grand & tresbó,
auoir creétouteschoſespar ordre,
bó, & decét en noſtrecoſideratió.
Car l'hóme contéple vrayement
Dieu en Eſprit, & peut ſe reſioüir
en iceluy, quand il ſçait qu'il eſt
en Eſprit l'Image de Dieu, &
qu'il veut conduire lesactiós de
ſa vie ſeló la loy de Ieſus-Chriſt,
premier Adam, & precurſeur des
actions, à l'vtilité du prochain.
Or en la vie future & parfaicte,
nous aurons cognoiſſance entiere de la gloire diuine, ſans aucun
trauail & peine nous appren-
drons ce que en ceſte vie nous
ſommes contraincts de deuorer :
en ceſte vie-là, l'honneur & la

gloire du nom de Dieu fera parfaict, & demeurera à perpetuité,
car nous auós aperçeu fa mifericorde renóuueler tous les iours,
& fa gloire ne pouuoir eftre af-
fez châtée par la voix des Anges,
& ne pouuons nous autres hommes affez diligément rechercher
& loüer les diuins myfteres , fi le
S. Efprit ne nous affifte. Or les
mefchans qui ne regardent qu'à
leur profit particulier, ont toufjours deuant les yeux l'affliction
perpetuelle de ce feu eternel : la
faim & la foif les accompagne, la
vifion des Diables , la froideur &
chaleur intolerable, qui mefme
affligent & tourmentent les Demons, encore qu'ils ne puiffent
fentir les paffions elementaires,
mais feulement fentiront les peines eternelles & fpirituelles, def-

quelles choſes nous ne pouuons
rien dire de certain, ſinon ce que
nous auons eſpuiſé dans les myſteres du Verbe Diuin. Auſſi que
nous deuons cóſiderer & exami-
ner l'eternité, & la durée durtéps,
qui ſera à iamais, & prier Dieu
tous les iours, & à tous momens,
affin qu'il nous deliure de l'ennemy, qui taſche de nous opprimer
par infinies tentations & maux,
en toutes nos voyes & ſentiers,
comme auſſi les autres creatures,
& les elemés, les corps celeſtes &
les eſprits qui s'efforcēt de nous
nuire, ſi Dieu en ceſte partie ne
nous aydoit. Or ſur toutes choſes
eſt neceſſaire la priere feruente,
par laquelle nous demádions l'aide & ſecours du Sainct Eſprit, affin qu'aydez de ſa grace, nous
entendions & apprenions ſans

relafche la parole de Dieu, par laquelle parole nous auons con-
fiance en Dieu, qui eft la regle &
la pierre de touche de noftre vie,
quand luy mefine dit; faites cela,
& vous viurez. Et en autre lieu,
qui a peché faffe penitence, & ne
peche plus; car il ne fe ref-jouyft
pas de la mort du pecheur , mais
veut fa conuerfion, et qu'il viue.
Mais pour ce qui touche la cognoiffance de noftre chair, il fé-
bleroit de prime face qu'il n'y à
aucune puiffance celefte, la colere de laquelle, et fes peines, fe-
roient à craindre, quand nous ne
pouuons voir de nos yeux, et entendre autre chofe, finon chofes
caducques, mortelles, et terreftres, et non pas la volonté Diuine. Mais les chofes font bien autrement, car nous auons Moyfe,

et les Prophetes, et la voix qui
crie au defert, qui annoncent la
parole de Dieu, et fa volonté, et
preparent la voye, de laquelle
nous foyons eftimez dignes en
ce grand iour de noftre mort, et
vniuerfel iugement; quand toutes les actions des hommes ferót
examinez felon la reigle du liure
de vie, et le tefmoignage de l'efprit, et la fentence fera donnée
contre toute chair viuante, car à
lors les Infideles verrót celuy, duquel ils ont percé le cofté, quand
ils ne l'ont voulu voir inuifible-
ment en efprit, et par foy, s'ils
n'ont mis les doigts aux playes a
luy faites par les Iuifs, confiderát
pluftoft les chofes qui conuien-
nent à la nature de ce móde, que
celles qui font attribuées au Roy
Celefte.

ADOLPHE.

Il me fembloit certainement
entendre la predication de quelque pafteur, bien que ie ne puis
nier que ces chofes fpirituelles
me font à charge, & qu'il n'eft
pas permis ordonner les actions
de ma vie felon cefte reigle, mais
paraduenture & aucunesfois on
fe plaift d'auoir appris & parfaict
ces chofes. Cependant toutesfois
ie m'esforceray faire toutes ces
chofes diligemment, & autant
qu'il me fera poffible, & que les
forces de noftre imbecilité humaine le permettront, & d'autant
que vous auez fait mention du
threfor de ce monde, i'ay grand
defir de fçauoir de vous qui eft
ce threfor mondain, car il me sé-
ble l'auoir il y à long-temps con-
gneu, & qu'il n'y en ait autre que
les

les biens & richeffes de ce monde, que s'il y en à vn autre contraire à mon opinion ie fouhai-
te grandemét en fçauoir de vous
la defcription & entiere cognoiffance.

LE VIEILLARD.

Sçauoir fi i'eftime que tu defire la cognoiffance entiere de
ce? quand tout le monde brufle
de le fçauoir: Mais ayes cela pour
affeuré, que ce trefor eft l'effence
fpirituelle & plaine de vertu non
feullement abondante en richeffes mais auffi en fience de medecine : & certes d'vn tel breuuage
medicinal, par lequel les hommes font deliurez de maladies in-
fuportables par la faueur & grace diuine ; Aufquelles maladies
mefme vn autre medecin ne
peut donner foulagement. Or ce

C

myftere furpaffe de beaucoup
route l'excellence de l'or & de
l'argent, & efguillonne la raifon
humaine, & eft plain de mifteres
qui femblent aux autres incroyables : de toutes ces chofes vous
pouuez lire la reuelatió Hermeti-
que de Theofrafte, ie ne vo⁹ veux
pas dire maintenant quel il eft,
car ce miftere eft vn fecret caché
des le commencement du monde, iufques icy, & eft telle la volonté de Dieu, & ne vous reue-
leray plus amplement ce fceau
de Nature, à la façon des antiens
Philofophes, & fes fecrets font
affez appettement & au long declarez par les autheurs, mais par
prouidence diuine il a efté concedé que ce miftere foit reuelé
aux pieux & deuots fectateurs de
ceft art, car des le commence-

ment il cognoiſt toutes les choſes futures, & telle eſt la proui-
déce diuine, aux pieds de laquelle les hommes doiuent ietter les
faiſſeaux d'orgueil.

ADOLPHE.

Encore que vous vous ſoyez
efforcé iuſques icy de cacher ces
choſes par vne couuerture pure
ſpirituelle, toutefois cognoiſſez &
entédez maintenant ce que vous
voulez inferer de là, car ce miſtere eſt la verité & la pierre des
Philoſophes mentiónée en leurs
eſcrits, compoſée de la premieré
matiere: ſçauoir eſt, de Sel, Soufre
& Mercure. Tous les liures font
mention de ceſte pierre Philoſo-
phique & tous les iours ont eſté
mis en lumiere pluſieurs écrits, &
meſmes ay cogneu quelques vns
qui addonnez à ceſt art, & m'en

ont côferé, & ont accouſtumé de
monſtrer des écrits, leſquels moy
meſme ay changez en quelques
lieux. Et encore qu'à la verité ils
ſoient ſoigneuſemét & artificiel-
lement trauaillez, toutefois ſont
corrópus, & malicieuſemét changez d'iceux. De là l'Imprimeur &
le vulgaire, ignorant, ſe ſont tró-
pez, & le guain eſt pour ce ſeul
rapetaceur, d'ou ie recognois vn
grand ſcandale. Outre ces choſes
nous ne voyons d'aucuns la fin &
l'effeĉt de l'art: Et les artiſtes ſont
ſemblables au rare & noir Cigne,
qui ont trouué ſon vray vſage,
auſſi qu'à pluſieurs és eſcoles les
preceptes de l'art ſont tenus pour
fables & ſornettes, ce que i'ay entendu des plus doĉtes, qui diſpu-
tás auec les artiſtes, les ont appellez rappetaſſeurs, impoſteurs, &
impudens, à cauſe du peu de cer-

titude & de côſtance qu'ils ont en
leur art, & iamais ie ne croiray
que ces extracteurs de l'art puiſ-
ſent produire de l'or & de l'argét
des autres metaux inferieurs, ou
biē ie penſe qu'ils les font, ou par
la vertu diuine, ou par enchante-
mens, ou par le myſterę des demons, principallement quãd i'ay
entendu que pluſieurs eſtoient
ſoupçonnez, nõ ſans cauſe, auoir
familiarité auec les demons. Mais
ie deſire entendre de vous (hóme
venerable)plus ſoigneuſement, à
cauſe que ie voy que voꝰ en auez
la certitude, biē que vous refuſiez
deme reueler les myſteres principaux de l'art : Mais ordonnez de
cét art, & donnez plus ſain iugement de la transformation des ſecrets de nature, ſçauoir ſi ce don
eſt concedé aux hommes de
Dieu, tres-bon, & tres-grand: car

quand i'y penfe ; ie fuis grandement eftonné quand principall-
lement il me fouuient auoir leu
quelques chofes fur ce fubject,&
me fembloit moins pouuoir entendre leur fens, & que les trom-
peurs de l'art ont acouftumé d'v-
fer de maniere de parler, caché &
differant des autres, de là proce-
dent les defpences vaines de tant
d'ánées de frais & de labeurs im-
méfes, qu'il n'eft loifible de crier
que l'efperance eft du tout dou-
teufe inccrtaine & trompeufe
qui nourrit les enfans de l'art,
principallement quand le vray
effect de ceft art n'eft veu en aucune part. LE VIEILLARD.

Mais, ô amy, ie vous monftreray la fin & le vray effect de ceft
art, affin que vous fçachiez la certitude d'iceluy,& que ie la poffe-
de vrayement, mais que cela foit

dit de la pierre,& vous perfuadez
que i'ay vraye cognoffance de la
racine de ceft arbre , enfemble
auec les chofes neceffaires à ceft
eftude,laquelle racine toutesfois
eft incogneuë de tous les autres,
& du vulgaire. Ne vous laffez pas
quand vous verrez que ie feray
plus long que de couftume quãd
ie difputeray de ces chofes: car la
raifon de ceft art le requiert,&les
chofes principalles premieres &
excellentes doiuent proceder en
apres les terreftres. Or ie repon-
dray cy apres auec plus de longueur & auec queftiõs que vous
m'auez propofées demonftreray
éuidemment auoir dit chofes
vrayes.   ADOLPHE.

Ie defirerois deuãt toutes chofes fçauoir la raifõ pour laquelle
nous ne cognoiffons aucuns ar-
C iiij

tiftes qui ait acquis la perfection,
& fçache exactement la tranfmu-
ration des metaux, au contraire
cét art eft mefprifé des plus doctes, qui toutefois à bon droit en
deburoient auoir l'entiere cognoiffance, quánd principallement il n'eft fans fruict & vtilité,
bien que ie n'aye entédu, ny veu
en aucun lieu, aucun qui ait acquis par ce moyé les richeffes de
Crefus. Et encores veu que vous
vous attribuez la cognoifsáce de
cét art, vous eftes pauuremét ve-
ftu en Hermite. Mais fi i'auois la
cognoiffance de la procedure de
cét art excellent & porte richeffe,
j'amafferois de grands trefors, &
les richeffes du monde, & achep-
terois des eftats & dignitez fi grádes, que les plus puiffansRoys du
monde s'en efpouuanteroient, &

en auroient enuie, car les artiftes
faux en promettét de mefme aux
autres, toutesfois ie defire entendre voftre opinion de ces chofes.

LE VIEILLARD.

Il femble que voftre opinió foit
femblable à celle du vulgaire de
ce monde, & de tous les fols qui
cherchét auec foin les trefors des
richeffes corruptibles, & les allechemens des voluptez, l'intentió
des philofophes & leur aduis eft
bié autre, car ceux ne font dignes
du nó de philofophes, qui courét
apres telles folies, mais ceux qui
s'adónent foigneufement à la cognoiffance entiere des myfteres
diuins, & employent leur eftude
& labeur au feruice de Dieu, tres-
bon & tres-grand, chaffans d'eux
la vanterie, l'ambition, & le foin
d'amaffer des richeffes terreftres,
encore que neceffaires, & que

Dieu nous les eſlargiſſe miſeri-
cordieuſement pour ceſte vie, les
eſtudes de ce ſecret ſont bien autres, l'intention eſt bien differen-
te qui s'occupe en la ſeule acqui-
ſition laborieuſe de l'argent &
richeſſes, & au ſuperbe faſt des
dignitez, en haine deſquels les
Philoſophes ont de couſtume
voiler ces myſteres de l'art, de
peur d'encourir la violáce & op-
preſſion de la famille de Nem-
brot. Et eſt meſme raiſon pourquoy ces ſecrets ſont cachez à ces
baſteleurs, & joüeurs de paſſe-
paſſe, car il s'enſuiuroit en la pu-
blication de ce miſtere vne gráde confuſion & trouble de cha-
que ordre de ce monde, veu que
toutesfois la diſtinction des ordres a eſté eſtablie de Dieu, &
qu'elle ſoit tres neceſſaire pour

entretenir les hommes en paix
& concorde: car Dieu tres-bon &
tres-grand a tellement efpars cefte diftinction d'ordres & degrez
entre les humains, que les vns
feruiroient aux autres,& les con-
ferueroit en paix iufques à ce
qu'ils fuffent conjoints les vns
des autres, tout ainfi que le Philofophe Artifte fepare l'vn de
l'autre, l'ame, le corps, & l'efprit,
& les conjoints femblablement.
Or cefte diuine feparation de
Dieu tres-bon & tres-grand, ne
doit eftre faite d'aucun, s'il n'a le
commandement du Verbe de
Dieu, de reprimer les mefchants,
pource que feul il eft l'vnique verité & iuftice, & ce qui eft hors
cela, ce n'eft que blafpheme &
abomination deuant Dieu. Car
delà le Magiftrat qui tient la pla-

ce de Dieu, a pris entiere puiſſance diuine, auſſi fera la punition &
vengeance de la loy contre celuy
qui reſpand le ſang humain contre ce precepte, car Dieu n'accep-
te perſonne. Or ceſte ſeparation
diuine eſt auec diligence conſide-
rable, & en grande eſtime. Mais
il ſemble que ces choſes ſoient
dittes hors de propos, qui toutesfois apportent grand proffit &
vtilité au genre humain, & pour
ceſte cauſe il m'a ſemblé bó l'ad-
jouſter, & à la verité au liure d'E-
zechiel le Prophete, il eſt faict
mention de quatre véts, qui ſouf-
flerent les os morts, qui eſtoient
enuironnez de chair par iceluy, &
là meſme eſt parlé de l'eſprit, qui
a detenu ces oſſements, meſme-
ment de la diſſipation & retour
des vents. Nous voyons auſſi en

l'agonie de la mort toutes les
parties des hommes eftre fepa-
rées l'vn de l'autre, car alors les
quatre elemens, l'efprit, & l'ame,
lefquels font manifeftez du nom
d'efprit, font defpartis, & fe fe-
parent l'vn de l'autre : En leur
lieu, l'eau & la terre elementaire font conjoints, & vn autre air
auffi & feu, font efpaiffis. L'efprit
aftral de la vie, l'homme interne
& inuifible, retourne au Ciel,
& eft efleué fur les elements, l'a-
me va au fein d'Abraham, fui-
uant les promeffes de Dieu, &
repofe fur l'autel, iufques à la
confommation du monde, &
que toutes chofes foient ac-
complies. Nous voyons auffi
comme la terre nous four-
nit de viandes iournalieres,
dans lefquelles eft caché cét

efprit des Elemens , comme la
nourriture, & auffi celefte effence, en pareille raifon nous auons
auffi la nourriture de l'eau & du
feu, par lequel nous conferuerós
le temperament du corps terreftre, lequel contiét le feu & l'eau
fpirituelle, pour réforcer l'efprit
interieur. Car comme la terre à
ces deux chofes en foy , pareillement le Ciel , qui eft dit quinte
effence, car il eft bien plus noble
que les elemens , & eft la viande
de l'efprit : comme le Verbe de
Dieu eft la nourriture des ames,
& eft fait corps, affin de dóner la
beatitude celefte au corps, à l'a-
me , & à l'efprit, encore qu'il ne
foit viande & nourriture corporelle, mais le lien & fceau de la
promeffe,& du liure de la vie, en
tefmoignage de la verité, à caufe

de noſtre foy petite, & de la cognoiſſance foible de la diuinité,
tant Dieu ayme grandement les
choſes naturelles. & ſpirituelles,
& veut que toute ſa creature ſoit
en l'homme, & en la conjonctió
de Ieſus Chriſt, par lequel les pe-
cheursſont pardonnez. Car comme le Verbe diuin eſt le principe
de toutes choſes, pareillement
auſſi eſt le principe de l'image de
Dieu, car pour eſcouter le Verbe
de Dieu : de ceſte fleur du Sainct
Eſprit commence la foy, de la ſemence de ceſte fleur naiſt vn arbre des bonnes œuures, encore
que les bonnes œuures ne meri-
tent le ſalut eternel, mais la foy
au verbe de Dieu, ce que nous di-
ſons impoſſible. Enſemble eſtre
fol deuant noſtre face, ce verbe
eſt vn amour magnetique par le-

quel il nous attire à luy auec les
bons & ne peut eſtre ſeparé de
perſóne, n'y apareil amour Aſtral
magnetique, & la nature terreſtre leſquelles choſes on doit cóſiderer auec la balance tres-exa-
ctement, comme eſt grandeıńét
à conſiderer en la cognoiſſance
de nature, ce que l'homme interieur fait en la nature, lequel hóme interieur eſt inuiſible & cele-
ſte, mais l'ame eſt ſupernaturelle
& ſuperceleſte, deſquelles choſes
nous ne ſçauons rien que ce qui
nous a eſté reuelé de Dieu. Or la
nature propoſe les eſprits natu-
rels, encore qu'ils ſoient grands,
& ont le ſoin d'vne conſideration
ſecrette, & l'homme corporel ne
peut entendre les choſes ſpirituelles ſi l'eſprit de verité ne luy
eſtoit reuelé par le Roy des eſprits,

prits, & le Sainct Efprit, par iceluy tous les arts, la fapience & la
fcience font examinez, ceft efprit
excite aux Chreftiens vn feu fu-
percelestiel d'amour, & vn efprit
magnetique de fapience, & nous
enflamme & nous laue de pure
eauë, & nous rend nets, affin que
nous faffions penitéce pour nos
pechez, & que ne mourions tous
les iours en noz offences, d'ou
vient le recit frequent de l'eauë
& du feu, du fang & de l'efprit de
l'eauë, qui eft celuy qui donne la
vie, car noftre peché eft de couleur fanguine, & la recompenfe
du peché la mort noire, la croix
& l'affliction, mais des deuots &
pieux la robe blanche & la couronne de gloire. Ces chofes amplement dittes fuffifent maintenant: venons à l'explication des

D

queſtions de vous propoſées,
leſquelles ie vous diray par ordre, & móſtreray la certitude de
ceſt art par la choſe meſme, en
telleſorte que vous n'en pourrez
douter. Or quand à ce qui appartient à l'autre objet par lequel voús tenez que pluſieurs
doctes ont vne cognoiſsáce fort
petite de ceſt art, ſcachez que
c'eſt la volonté de Dieu, & que
cela eſt faict pour quelque conſi-
dération & certain proffit, car
Dieu reprouue toute ſuperbe
& ambitió & dóne ce treſor aux
humbles & pauures & non pas
aux grands & aux enfans de ce
monde, lequel treſor l'homme
doit mettre à charge ſelon la loy
du Seigneur pour ſon honneur
& gloire, & pour ſoulager les
pauures, depeur que plains d'oi-

fiueté ne delaiffions la charge de
noftre vie, mais que nous faffions
les œuures de noftre vocation
fuyuant la volonté de Dieu. Que
fi ce trefor fe donnoit a tous,
qu'elle confufion (ie vous prie)
feroit ce entre les mortels: Et
ne voy pas par quelle raifon fe
pouroit verifier le dire de Sirac:
Mon fils, fi tu veux plaire & feruir à Dieu prepare toy au iour de
l'affliction? ce qui eft dit veritablement de la pauureté, difette
& imbecilité humaine, comme
vous pourez facilemét coniectu-
rer de vous mefmes, & n'eft auffi
baillé aux hommes d'vfer de ce
threfor comme bó leur femble,
car la nature de l'homme eft ma-
litieufe & deprauée. Or ne reuelez ce fecret à perfonne, & ne le
dónez à l'ame fuperbe auaricieu-

D ij

fe & ambitieufe, car ceft l'honneur & la feule gloire de Dieu,
mais fais ainfi, fi la fortune te fa-
uorife, garde-toy de t'en orgueil-
lir, fi elle tourne garde-toy de
fuccomber, car Dieu eft l'arbitre
de l'vne & l'autre fortune, & les
modere comme il luy plaift, &
n'eft moindre vertu deuât la fcience acquife, la rechercher auec
foin que la tenir fecrette quand
on la fçait : car fi vous l'auiez re-
uelée autrement qu'il n'eft permis, c'eft art tres-grand pert le
nom & dignité d'art. De là vn certain Philofophe dit. Cache ceft
œuure deuant les yeux de tous,
comme la parolle en ta langue, &
le feu en tes yeux, mefmes ne di-
fpute en toy-mefme de ceft œuure, que le vêt ne porte les parolles à vn autre, lefquelles t'aporte-

roient de l'incommodité. Ie vous
ay fidellemēt aduerty de ces chofes, c'eſt a vous d'y prēdre garde,
affin que vous ne ſoyez tourmé-
té de corps & d'ame. Or l'abus de
ces dons trex-excellens de Dieu,
eſt treſ grād, leſquels Dieu donne de ſa propre grace & liberali-
té, auſſi eſt-ce vne grande ignominie & laſcheté que ces dōs Phi-
loſophiques ſoyent rejettez &
foulez aux pieds, & que les ſcien-
ces ſoyent gaſtez meſchamment
des ignorans, pour laquelle ignominie auſſi ils ne pourront voir
ceſte lumiere. Or le crime d'auarice & de luxure, a tellement creu
és cœurs des enfans de ce mōde,
que la Foy & la Iuſtice n'eſt pas
gardée à leurs domeſtiques, &
tous droits ſont ſubuertis. Ie vous
en reciteray vn exēple, lequel i'ay

veu de mes yeux, Il demeure en
certaine ville vn homme tres-ri-
che & regorgeant de biens, pere
de plusieurs enfás, auare, chiche,
& ne se fait pas du bié à soy-mef-
me à cause de l'auarice, il amas-
soit de gráds tresors à ses enfans,
lesquels nourris par la mere en
toute abondáce de choses, asseurez des richesses de leur pere, pas-
sant le temps en oysiueté, luxure
& des-bauche, & comme ils
croissoyent en aage, aussi leur
meschanceté & vie multiplioit, et
comme le pere fust decedé, tous
les iours despançant prodigalle-
mét en festins & banquets leurs
biens paternels, plongez dans les
vices & meschancetez, attendoy-
ent, insensez qu'ils estoyent, l'ac-
croissement des richesses (comme il auoit esté auparauant fait)

mais en vain: fentant de iour en
iour la diminution de leur biē
& richeffes reduits en grande
pauureté, ne laiſſoient de com-
mettre de grandes meſchancetez; expoſez au des-honneur
& à l'ignominie, le reſte de leur
vie. Or toutes ces choſes ont eſté
a cauſe qu'ils ont eſté mal in-
ſtruicts, biē que premieremēt ils
euſſent eſté enſeignez en la cō-
gnoiſſance des meurs & des ſciē-
ces. Car en ce reluit la volonté
de Dieu, qui veut que les ordres
& degrez des hommes ſoient di-
ſtincts & ſeparez, & que les vns
feruent les autres: Auſſi tous les
hommes en leur vocation & ordre ſont ſerfs & mercenaires: Car
noſtre Sauueur & Seigneur luy
meſme à fait des œuures ſeruiles,
& a laué les pieds de ſes diſciples,

D iiij

mais l'honneur des vns eſt moindre;des autres plus grand,& nous
ſommes comme il plaiſt à Dieu
nous benir. D'ou la reigle a eſté
ordónée du pere de famille Dieu
tres bon & tres-grand, en la maniere que tu ſeruiras en ta vocation, demeſme ie te recompen-
ſeray. Or Dieu en vn iour diſtri-
buë tellement les grands treſors
des richeſſes, qu'ils ſemblent ſur-
paſſer de beaucoup les richeſſes
des plus puiſſans Rois, & toutefois ſes treſors ne diminuét point,
mais au contraire, tant plus il aura donné, tant plus il abonde,&
ceſt pourquoy Dieu doit eſtre
aymé deuant toutes choſes & ſur
toutes choſes. Nous voyons ar-
riuer fort ſouuent des humaines
richeſſes que celuy qui amaſſe
des biens par auarice, mourant

laiffe vn fucceffeur liberal prodi-
gue, fuyuant le dire des doctes:
Que les richeffes adiouftent des
cornes au pauure, & precipitét le
plus fouuent celuy qui les poffe-
de en extreme malheur, & aux
tourments eterniels de l'enfer.
Car fi quelqu'vn a eu en abondance les biens & richeffes de ce
monde, a grand peine fe foucie il
de la vraye fanté, & ne penfe à la
paix celefte, & ne s'eftudie par li-
beralité d'aider les pauures , au
contraire met toute fa diligence
& tout fon foin pour faire amas
de grandes richeffes, & cependát
oublie Dieu, & les œuures de pieté. Or les ieunes hommes font
en grand danger en ces allechemens du monde, encoreque la
prudéce fupplée au deffaut quelquefois de l'aage, mais les pieux

font contraints de boire le calice
des afflictiós, les meſchans eſtás
reſeruez aux peines d'enfer. Mais
ce qui eſt plus à deplorer c'eſt
que chacun ſe mocque & ſe rit
de ces choſes, & que tous les enfans de ce ſiecle ne trauaillent
qu'à laiſſer des richeſſes & des
honneurs a leurs enfans ſans có-
ſcience, qui leur raconte ſans
mocquerie qu'il faut chercher
deuant toutes choſes la ſapience
diuine, ſans laquelle rien ne peut
ſubſiſter en ce monde, d'ou vient
que lever de la conſcience ronge
les cœurs des miſerables de diuerſes tentations en lagonie de
la mort: car les hómes n'ont accouſtumé de chercher le ſalut de
leur ame en vraye & parfaicte
humilité.

ADOLPHE.

Il semble que les choses que
vous venez de dire soient contraires entierement au but auquel vous pretendez, bien que ie
recognoisse que ce que vous aués
dit soit en ma faueur: toutefois
adioustés diligemment le reste,
car i'en attens la fin bien attentif.
Cependant i'ay desir de sçauoir,
comment ce fait que cest art &
les misteres des Philosophes ne
sont reuelez aussi aux autres, &
qu'ils ne les cognoissent, veu que
nous voyons tous les autres arts
souuent estre sçeus du peuple,
& quelquefois en y pensant exactement i'entre en grand soub-
son sçauoir si cella est vray.

LE VIEILLARD.

Vous auez entendu par cy deuant qu'il a esté imposé silence
aux enfás de l'art, affin que ceste

fcience fuft tenuë cachée à caufe
de la puiffance des tyrans de ce
móde, & des mefchancetez des
paillards fuperbes, des vfuriers,
des luxurieux & des autres fce-
lerafts. Car tous les Philofophes
cachent la vraye cognoiffance de
cefte fcience auec grand artifice,
dautant que aucuns ayant acquis
la poffeffió de cefte diuine fcience, en ont mal vfé, ont perdu fon
vfage et peruerty les commoditez, aucuns ayant efté vexez par
vne mort facheufe, & les autres
eftans preuenus de la mort. Or il
eft befoin que l'auditeur et le
poffeffeur de ceft art foit humble, pieux, taciturne, et debónai-
te. Quand Dieu dócvous aura ef-
largy la fcience et poffeffion de
ceft art, gouuernez vous en
cefte forte, et ne l'allez vendre ça

et la,mais pluftoft employés vo⁹
à foigneufement et auec grande
diligéce à la cognoiffance plus fecrette des chofes, et auec œuures
de voftrevocatioñ,et fais du bien
a ton prochain et a ton ennemy,
car la loy du Chreftianifme nous
oblige a celà: Il faut auffi refifter
de toutes nos forces aux ennemis de la foy, et foigneufement
s'efforcer en cela,affin que les autres preparez a louër Dieu, ils
chantent auec nous fa mifericorde, mais a caufe de l'ingratitude
plufieurs chofes font cachées, &
l'ignorance engendre beaucoup
de maux, la fcience au contraire
augmente les biens,et eftl e rayó
de la lumiere. Il y en a plufieurs
qui s'efforcent et employent a la
recherche de ceft art, mais ils ne
s'eftudiét aux vertus neceffaires,

et principallement a le tenir ſecret. Ils tombent en vne meſme
infortune que ce Phaëtó duquel
parle Ouide, lequel ne ſçeut có-
duire le chariot de Phœbus ſon
pere, auſſi conuient auec grand
ſoin garder ce threſor. Que ſi
l'homme a conſideré ſeullement
les paraboles et les miſteres, qu'il
penſe eſtre abondamment ſatis-
fait, quand il voit en la nature le
ſçeau et image de la diuine bonté eſtre imprimée, car la nature
parfait toutes choſes diligem-
mét, & certes plus parfaictemét
que l'homme meſme, qui toutefois eſt la tres-noble creature et
plus proche de Dieu, raiſonna-
ble et aymée de Dieu, d'ou paroiſt l'excellence de l'homme ſur
toutes autres creatures, & pour
ceſte cauſe Dieu tres-bon et tres-

grand luy a aussi proposé les preceptes et la vie eternelle.

ADOLPHE.

Ie confesse à la verité qu'il faut icy considerer de grádes choses, i'attends toutefois briefuement voftre opinion des paraboles, principallement quand vous aués dit fouuent qu'il les conuenoit bien efplucher.

LE VIEILLARD.

Mais pour mieux dire il les conuient confiderer deuant toutes autres chofes, et pource i'en ay fait mention telle que i'ay laiffe prefque les autres chofes fans en parler, lefquelles font infinies, & nó pas neceffaires: Car qui a eu cognoiffance de cefte œuure, il cognoift par foy mefme qu'il ne faut donner occafion aux opinions errátes, car ces mocqueurs

fence estoit apres Dieu , & estoit
son bon plaisir, car il estoit tres-
bon, mais il s'estoit retiré quelque chose soudain de luy, & n'a-
uoit duré iusques au temps du
grand monde, & à cause de ce, il
estoit requis vne autre chose, car
par vne chose il ne pouuoit du-
rer, comme il auoit esté fait dés
le commancement à cause de la
creature la plus debile, laquelle
Dieu desiroit ensemble, & disoit,
croissez & multipliez, à lors on
multiplioit tellement, que rien
ne perissoit à la fin du siecle, car
c'estoit la benediction du Seigneur, laquelle par son verbe il
departit à l'hóme, & toutes choses sont paracheuées iusques à la
fin par tres-grande obeïssance, &
sont conduites par le Sainct Esprit, de mesme en est-il à Adá, &

à Eue, au masle & à la femelle. Il
faut obseruer icy comment la
creation se parfaict par l'vn, & par
l'autre, l'augmentation, multiplication, & conseruation, & par le
troisiesme l'administration, comme par l'esprit, ces choses doiuét
estre examinées diligemment.
Loüange & honneur à Dieu en
Trinité. En outre Dieu comman-
doit & deffendoit à l'homme in-
continent quand à l'essence ; &
luy assujettissoit tout sans aucun
defaut, & luy donnoit puissance
de manger de tous les fruicts du
Paradis, excepté le seul arbre de
science, du bié & du mal, le fruict
duquel luy auoit esté deffendu,
parauenture à cause de la malice
du Diable, à la volonté duquel fi-
nablement il se soubmit par
la desobeïssance, car il faut co-

E ij

gnoiſtre ſeullement le bien, et
fuïr le mal, par lequel le chemin
eſt donné a l'ennemy, car Dieu
eſt ſeul Seigneur qui conduit &
adminiſtre toutes choſes, et les
creatures luy ſont toutes ſujettes:
le commandement à introduit le
peché quád les hommes ne s'en
prenoiét pas garde, par l'inſtinct
et ſçauoir du Diable, et de ſa
propre volonté : car le premier
peché eſtoit le blaſpheme & l'I-
dolatrie, obſcurciſſant par ignorance toute ſcience, mais pour dire mieux, conuertiſſant en ſcience, en cognoiſſance du mal, iuſques à maintenant, & en tous
vices, meſchancetés & arts du
Diable, auſquels on renonce
au Sacrement du Bapteſme, ſçauoir en la regeneration & reno-
uation de noſtre vie, au nouueau

Adam, comme au bois de vie, qui
a esté osté à nos parens au Paradis terreftre de la vie terreftre,
toutesfois promis en la femence
d'vne femme , Chrift qui eft
l'arbre de vie & fpirituelle & coŕ-
porelle, par lequel non feulement l'ame reçoit la vie, mais auffi le corps. Car tout ainfi qu'A-
dam chaffé du Paradis eftoit en-
uoyé au monde, iardin de tenebres & d'afflictions, pour la mor-
tification du fang & de la chair,
de mefme fi nous entendons la
manne, c'eft à dire le pain celefte, le verbe de Dieu, & que nous
viuions felon fes cómandemens,
& que nous croyons le verbe lequel à efté fait chair , par iceluy
nous reprendrons la vie, & ferós
tranfportez de la maifon d'ignorance au Paradis celefte , & com-

E iij

me la mort emportoit & rauiſ-
ſoit Adam, ainſi elle nous contraint de demeurer bon gré mal
gré par le ſeul verbe de Dieu, Ieſus-Chriſt, duquel toutes choſes
ſont, car nous mourons au vieil
Adam, & nous reſuſciterons en
Ieſus-Chriſt nouueau Adam, cóme il nous a precedez, c'eſt pourquoy il eſt l'arbre de vie duquel
nous deuós máger bánis en ceſte
maiſon d'afflictions, & à la verité,
cóme au premier Adá a eſté deffendu le fruict du Paradis par vn
certain moyen, auſſi pareillemét
eſtimons n'y auoir autre regle,
commandemént, ou voye, ni a
droit ny a gauche outre le verbe
de Dieu, compris au liure de vie,
lequel fermé de ſept ſeaux Ieſus-
Chriſt a ouuert. Mais ſi nous de-
ſirons cognoiſtre choſes plus
grandes, & manger du fruict de

l'arbre de fcience du bien & du
mal, l'on dira que nous vou-
lons feruir à deux maiftres,
c'eft à dire, à Dieu & au Diable, prenant le menfonge pour
la verité, & reprouuant la verité
comme menfonge, aufli nous
receuons recompence digne de
nos œuures: et a efté fait que nos
premiers parens ont efté chaffez
de la prefence de Dieu viuant:
car Dieu n'eft pas femblable à
l'homme, mais les hommes ont
efté faicts à fon image, afin qu'ils
obéïffent à fes commandemens,
et qu'ils n'y diminuent ni adiouftent: quand nous font propo-
fees la fapience et la fcience qui
nous font concedees en viande,
duverbe Diuin, duquel l'homme
vit, et font tirees du liure de vie
iardin fpirituel. Car toute chofe

E iiij

bóne eſt d'iceluy , et par iceluy
touteschoſes ſont faites,leſquel-
les il eſt permis comprendre des
yeux et des mains, car la viſible
eſt faict de l'inuiſible, de meſme
la foy prend ſon commencemét
de l'oüye de la foy, , les bonnes
œuures, c'eſt à dire de l'inuiſible
le viſible, et du verbe le Chre-
ſtien eſt engendré. Or les choſes
ſont telles afin que l'homme de
meſme raiſon agiſſe et opere, nó
pas qu'il ſe forme des queſtions
oiſeuſes et friuoles de la toute puiſſance diuine, car c'eſt le
vouloir de Dieu, et la toute-puiſ-
ſance qui a auſſi baillé à l'homme ſemblable patron et exemple : mais Thomas incredule ne
pouuoit paruenir à cela, quand il
cognoiſſoit ſeulement la nature
humaine et la ſcience, et le Ciel

elementaire inferieur, & en premier lieu les choses interieures
comme l'eau & la terre, qui toutesfois sót receptacles & prisons
de la mort. Or ceste Philosophie
est reprouuee de S. Paul, en laquelle il n'y a nulle perfection,
car la seule Philosophie celeste
est consommee par la foy, esperance & charité. En ce lieu il est
à noter, que comme toutes choses sont conseruees par le verbe
de Dieu, & que nous deuós croire à la parole qui est sortie de la
bouche deDieu, ainsi Iesus Christ
a deferé cest honneur à son Pere,
que rien n'est acquis sans foy,
mais la plus grande partie des
hommes ne croyét les choses les-
quelles ils ne voyent, & ne consi-
derent que Dieu le Pere, Dieu le
Fils, & Dieu le S. Esprit ne peut

eſtre veu de nos yeux chargez de
peché, comme auſſi les rayons
de ſó viſage qui ſurpaſſe de beaucoup en ſplendeur le Soleil : Les
hommes n'ont peu voir à cauſé
de la nature pechereſſe, quand il
eſtoit auec eux en forme viſible;
& lors qu'il eſtoit en ce monde,
encore que Ieſus-Chriſt nous aſ-
ſiſte corporellement & ſoit à la
dextre de Dieu , c'eſt à dire en la
ſacree ſainɛte purité & Deité , cóme il a accompli la volonté de
ſon Pere & eſt allé aux enfers , &
a monté aux Cieux en chair & en
Eſprit,& paracheué tout en tout.
Qui eſt d'entre les hommes celuy qui puiſſe trouuer en cherchant la grandeur & ſageſſe de
Dieu, nous ſçauons que le Ciel eſt
ſon ſiege,& la terre l'eſcabeau de
ſes pieds. Nous ne pouuons nous

informer des chofes celeftes, ni
cognoiftre finon celles qui ne
font donnes du verbe Diuin , &
lefquelles S.Paul a veuës, & n'a
tenu conte de dire, mais nous a
laiffé le Verbe ce celefte pain
comme vn feau dans lequel confifte le falut de nos ames, fçauoir
la volonté de Dieu, vray arbre de
vie, afin que nous beuuions fon
fang & mangions fa chair, & que
nous croyons fermement que
toutes nos chofes font, fi les parolles de l'inftitution font dites.
Ainfi la parfaite nature demonftre plufieurs merueilles en vn
feul miroüer, de laquelle femble
auoir parlé affes quand les chofes
de l'Efcriture faincte font affes
cogneuës par icelle. Or celuy
qui fait la volonté de Dieu voit
toutes chofes & les cognoit, cô-

me auſſi certains d'entre les ſages
Payés & Ethniques ont cogneu.

ADOLPHE.

Vous auez eſté ſi long en vos
parolles que i'en ay oublié la plus
grande partie, toutesfois ie deſire entendre cela de vous, ſçauoir,
ſi ceſt œuure de nature ne con-
tient pas en ſoy vn eſprit qui ſoit
cauſe de mutation, pource qu'il
me ſemble que vous auez fait
mention du ſecond nombre qui
eſt multiplication, il eſt requis
pour ceſt effect vn eſprit vital.

LE VIEILLARD.

A la verité l'eſprit vital mine-
ral eſt en ceſte œuure qui ſe parfait apres qu'il eſt preparé, ſuiuāt
la dignité par l'Artiſte : car Dieu
par ſa bonté infinie a conſtitué
l'homme ſeigneur de ceſt eſprit,
afin que d'iceluy il formaſt autre

chofe, fçauoir vn nouueau môde
par la force du feu, felon l'ordre
& cômandement dôné de Dieu.
Et à caufe de ce l'homme ne pa-
racheuera rien du tout, & eft requis que toutes fes chofes fe facent en la crainte de Dieu, par vn
moyen honnefte & vne pure
confcience. Que s'il y en a d'entre
le vulgaire qui ne paruienne à la
fin de ceft art, qu'il ne foit à fcan-
dale, encore qu'il foit deuant les
yeux des hommes, que chacun la
voit, & fouuent eft employé à
d'autres fins, toutesfois plufieurs
ignorent fon vray vfage, ne fça-
chans pas que ce grand threfor
eft attouré de ces tenebres, d'où
fouuent c'eft or trefpur enuiron-
né d'efpeffe obfcurité & de rouil-
leure, eft laiffé dans la boüe &
vilenie, lefquelles chofes font

ainſi faites par le droit ordre de
Nature. Les Philoſophes plus ſages oyant ſeulement le nom de
Mercure cognoiſſent ce threſor
& l'ont deuant les yeux, bien
qu'il ſoit inuiſible & ſpirituel,
toutesfois il eſt materiel, & eſt
vne vierge tres-chaſte qui n'a
point cogneu d'homme, ſubſtá-
ce fragile, d'ou on l'a nommé
laiƈt virginal, le miel terreſtre des
montagnes, laiƈt, vrine des enfans,& ſemblables autres noms:
& en toutes ces choſes pluſieurs
Artiſtes l'ont recherchee mais ils
ne l'ont trouuee, car elle eſt pre-
paree de matiere metalliques &
tres bonne.

A D O L P H E.

L'or n'eſt-il pas ceſte matiere
à cauſe de ſa nobleſſe, & qu'il eſt
le plus parfait metail ; il me ſem-

ble que toutes vos paroles ten-
dent là.

LE VIEILLARD.

Non à la verité, mais il eſt beſoin que vous entendiez de moy
auparauant autres choſes , car
vous vous arreſtez trop ardemment encore aux threſors de ceſt
or terreſtre, & n'auez pas aſſez
conçeu ce que i'ay dit, & veritablement ie vous mettray par eſ-
crit le dernier & principal miſtere de ceſt art, & bien que en ce
preſent diſcouts il me ſemble y
auoir quelques doutes, il n'eſt
pas vtile toutesfois de les expli-
quer plus clairement, & veritablement ce threſor n'eſt pas ceſt
Or mondain commun ni l'Argét,
Mercure, Soleil, Antimoine, Ni-
tre, Souphre, ni autre choſe ſemblable, mais ceſt l'eſprit de l'Or &

le Mercure, qui eſt nommé des
Philoſophes la premiere & ſecó-
de matiere propre & ſeule de la
nature & de la proprieté, Or treſ-
purOriental n'ayant ſenty la force du feu,ſur tous excellent, plus
mol & niſé à fondre que l'Or du
vulgaire , Il eſt vray mercure de
l'or & antimoine , attirant ſes
qualitez des corps s'il eſt liquifié.
opuʃ Sa preparation n'eſt autre choſe
preparé que le bien lauer & le mettre en
l'opero menues parties, par l'eau & le
solutio feu, cóme toutes les autres choſes ſont en la meſme façon pre-
parees, afin qu'ils ſoyent agrea-
bles à Dieu & aux hommes· Il
conuient exactement cognoiſtre qu'eſt-ce que ſublimation,
diſtillation, ſepa ation, digeſtion,
purification,coagulation,& fixa-
tion, & rechercher diligemment
cét

cét œuf de nature, defiré de plufieurs dés le commencement. De
cecy il y à plufieurs efcrits , & en-
tr'autres du Comte de la Mar-
che Treuifanne Bernard, & des
autres , lefquels ie te monftreray
à la fin, & adjoufteray plufieurs
paraboles.

ADOLPHE.

Quand ie confidere que l'vfage de cét art doit eftre acquis par
beaucoup de fueur,& que fa poffeffion en eft perilleufe, & qu'il
conuient faire la vocation ou
nous fommes appellez de Dieu,
le plaifir que i'auois pris auparauant me rend pius humble quád
ie voy que i'ay efté trompé de
vaine efperance.

LE VIEILLARD.

Eftimez-vous que ie vous aye
dit ces chofes comme par manie-

F

re d'acquit, qu'il faut trauailler
grandemēt, & qu'il faut exercer
les œuuresde misericorde enuers
les pauures, non pas enuers tous
les pauures, mais ceux qui le sont
vrayement, & auoir soin des orphelins, & des veufues, pour la
gloire & l'honneur du nom de
Dieu.   Or l'honneur est deub à
Dieu plustost qu'à nul autre, à
lors les consolations sont deniá-
dées du Verbe diuin, car le Verbe
de Dieu precede grandement la
nature, comme le seruiteur suit le
maistre, & le pere excelle en dignité la mere.   Il faut donc faire
en forte , comme si de cela il ne
nous en appartenoit riē du tout,
mais plustost trauailler diligemment selon nostre vocation pour
l'vtilité du prochain, & le profit
de la Republique, & destruire les
maux qu'appotte l'ignorance, car

ſans relaſche la raiſon & le corps
doiuét faire bien, car l'oiſiueté eſt
l'oreiller de Sathan, & eſt deffen-
duë ſous grieue peine, d'autátque
de là prouiennét toutes les énor-
mitez, la luxure, l'auarice, l'homi-
cide, le menſonge, les impoſtures
& fraudes, imitás en cela leur nature meſme. Or noſtre œuure iamais n'eſt oiſif, mais trauaille &
opere ſans ceſſe iour & nuict, iuſ-
qu'à ce que le temps ſixieſme de
ſes ſepmaines ſoit cóplet, & que   *ſ emp?*
ſon ſabath approche, car alors il
repoſe & honnore ſon Seigneur,
l'hóme, auquel il doit ſeruir ſelon
le cómandement de Dieu, obeïſ-
ſant à ſes loys. En la meſme ſorte
les hómes dóiuent trauailler, iuſ-
qu'à ce ǧ noͩ entriós au royaume
éternel de Dieu. Voiremais toutes
ces choſes ſe fót, nature preſque y
F ij

contre-difant, & nous faſchons
quand nous entendons qu'il faut
trauailler affiduellement pour le
viure, iufques à ce que nous re-
tournions en terre, de laquelle
nous fommes faits, à caufe que
l'oyfiueté & le defir de comman-
der plaifent à tous égallement,
qui eſt l'occafion que nous fommes pareffeux & fetards en nos
oraifons & prieres, bien que l'on
doibue prierDieu pour impetrer
toutes chofes; nous mefprifons
les vns comme pauures, à caufe
qu'ils ont petit reuenu, cependant auaricieux, & que nous ſó-
mes obligez de bien faire à nos
ennemis, toutes les mefchancetez ont pris place en nous; comme font, la colere, l'auarice, la
haine, l'inimitié, la mutuelle des-
fiance, & à caufe d'icelles le tres-

excellét bien nous eſt oſté, comme auſſi ceſte ſcience de medecine qui eſt cachée en ce bien, eſt
incogneuë des autres Medecins
plus doctes : Car ce threſor ne
s'apprend pas és eſcoles des Medecins, mais caché demeure deuant leurs yeux, en la meſme façon que l'eſprit interne de la
Saincte Eſcriture eſtoit celé aux
Phariſiens, qui eſtoit le vray Meſ-
ſie, & la medecine de l'ame, encore qu'il fuſt au milieu d'eux :
Auſſi il rendit graces à Dieu ſon
Pere de ce qu'il auoit caché ce
treſor aux Sages de ce monde, &
l'auroit declaré aux petits : De
meſme auſſi eſt dit de noſtre medecine naturelle, que la volonté
de Dieu doit preceder quand elle eſt demandée par ardente
priere, comme en toutes les au-

tres chofes mondaines, cefte volonté diuine difpofe toutes chofes: & de là s'apperçoit la vanité
de ces medicamens de fimples &
firops,qui courét entre les mains
de ces faifeurs d'vnguent, auec la
perte de la renommée,& eftimation des medecins,au grâd dommage des malades. Mais qui plus
eft, ces firops font beus par vn
tres certain endommagemét, &
mort d'iceux,& les defpences faites par les malades font conuerties pour entretenir la fuperbe &
luxure, comme il ny à pas long-
temps qu'vn pauure homme fe
plaignoit auoir efté trompé d'i-
ceux, & auoir employé prefque
tous fes biens, & perdu fa fubftâ-
ce,fi vn homme de petite & baffe
fortune ne luy euft aydé. Ainfi
nous voyons que plufieurs ont

feulement ce foin, qu'ils veulent
eftre en recommandation à la
Pofterité, comme Dieux, cependant ils negligent du tout le foin
& diligence d'aider à leur prochain, d'eftudier les bons liures,
par lefquels la cognoiffance vni-
uerfelle de cét art s'acquiert. Il eft
de befoin doucques à tous de fe
peiner, en ce qui peut feparer le
bien du mal, c'eft à dire, qu'ils co-
gnoiffent par modeftie, patience, & humilité, la vertu & les
fruits du bon arbre, auec la racine triple : de mefme auffi hono-
rent les fruits de l'Ame, la Foy,
l'Efperance, & la Charité, affin
que nous fçachions que c'eft que
verité & iuftice, tant de l'ame
que du corps, c'eft à dire, du bien
celefte & corporel. Et affin que
nous puiffions facillement com-

cóprendre ceste chofe. La fciencè
Theologique & Iuridique nous
eft donnée de Dieu, pour ce qu'é
icelles confifte la pureté & fain-
cteté de nature, & la vertu l'œuure de la vocation, & la Iuftice eft
finguliere fapience, lumiere, &
philofophie, à caufe de laquelle
Salomon furmontoit de beaucoup tous les autres hommes. Et
à la verité Dieu mefme a ordonné à vn chacun les œuures de fa
vocation, & a commandé à vn
chacun de nous, de conduire fes
actions prudemment, pieufe-
ment, & iuftement en fa vocation & debuoir de la vie, felon la
regle du Verbe Diuin, comme
feruiteur de Dieu, & qui rendra
conte de toutes chofes deuant le
Tribunal du Iuge de toutes les
nations, & deuant lequel tous les

faits des hommes feront reuelez.
Or tout bien vient de Dieu, enfemble d'iceluy defcend le fage
& le fol, le riche & le pauure, le
fort & le foible : & qui mefprife
le pauure & imbecille, il mefprife celuy qui l'a creé, car tout bien
eft de Dieu, & tous les maux vié-
nent du Diable, comme fontæ e
& origine de tout mal. Mais par
vn particulier confeil de Dieu, le
mal en cefte vie tyrannife & donne de la fafcherie aux pieux &
gens de bien : & bien que le Diable par fa propre malice s'efforce
de dreffer le mal au detriment
des hommes, toutesfois tout mal
fert de bien à Dieu & aux deuots,
car le Diable mefme eft contraint
de feruir malgré luy à la gloire
Diuine. Et noftre peché eft feul
l'occafion pourquoy le mal eft

meſlé auec le bié en ceſte vie, no⁹
nourriſſant cependant la bonté
& miſericorde diuine, & à meſme fin les dix commandements
nous ſont baillez de Dieu, affin
que nous ſeparions le mal du
bien, pour fuyr la damnation
Eternelle. Mais facilement peut-
on voir qui eſt la face du monde,
& le ſoin , & les larrons auares
qui ſe diſent Chreſtiens, par le
Sacrement de Bapteſme, imitent
par les exactiós immoderées d'v-
ſures la perfidie & pillerie des
Iuifs, quand ils penſent auoir fait
la volonté diuine, lors qu'ils ont
rauy les biens des Ethniques &
eſtrangers, (par lequel nom ils
ont accouſtumé d'appeller les
Chreſtiens) & que le Sauueur du
monde menace de peines Eternelles , ceux qui offenſant leur

prochain par vſures & exactions,
dépendant leurs biens en feſtins
& banquets:comme ceux qui fai-
ſans bonne chere, prennent par
fraude les biens des orphelins &
des veuſues , & à la verité ces
deux genres d'honneur , auaricieux, & luxurieux, doiuent eſtre
conjoincts & mis en meſme balance. Mais la vie de ces riches
Patriarches, Abraham, Iſaac, Iacob, Ioſeph, et Iob, a eſté precieu-
ſe, iuſte, et pleine de modeſtie, et
d'obeïſſance enuers Dieu, car ils
preferoient l'honneur de Dieu à
toutes autres creatures, et che-
minans en pureté de vie, et en
iuſtice, ils prioient Dieu auec ardeur et efficace. Et tout ainſi que pluſieurs en l'ancien
Teſtament poſſedoient de grandes richeſſes, conjoinctes par le

lien de conftance. De mefme la pauureté a accueilly plufieurs Adorateurs de Iefus Chrift au nouueau Teftament, toutesfois il eft requis femblable conftance, crainte & amour enuers Dieu. De toutes ces chofes i'eftime que vous auez fuffifamment entendu l'occafion pourquoy ce myftere & fecret a efté caché deformais deuant les yeux de plufieurs, quand le Diable peut facillemét deftourner de la voye droite, par les vaines voluptez de ce monde, car il nous feduit en la cognoiffance de tout mal,& mefchant,& fcelerat, a feduit Adam noftre premier parent, le plus fage de tous ; mais pour dire mieux, par fa cautelle tous les Sainéts font tombez en chofes mauuaifes, & pour nos pechez ; Et pource l'ire

de Dieu a esté espanduë sur nous,
& toutes choses sont venduës aux
mortels par grand labeur, soin &
sollicitude : car c'est le Calice de la
Croix, dans lequel nous beurons
du fruict de vigne auec nostre
Sauueur Iesus Christ, iusques à ce
grand Iour de Sabbath, & repos
Eternel du siecle aduenir, ou
nous demeurerons soubs vn autre espece, & passerons à celuy
qui pareillement nous aduance
& se haste de venir à nous, à laquelle felicité nous conduise
Dieu tres-bon & tres-grand par
nostre Mediateur & le Sainct Esprit, auquel nous sommes conjoincts par alliance de filiation,
& auquel nous sommes tenus
obeïr, en faisant les bonnes œuures, & foulant au pied les mau-
uaises, affin que nous luy offrions

de nouueaux Iuifs, vn esprit con-
trit & rendant à Dieu les vœux
que nous auons faits. En ces choses l'Esprit de Dieu opere, par la
Foy, Esperance, & Charité, tout
ainsi comme le desir bruslant &
la coustume parfait beaucoup de
choses en nature qui semblent
incroyables, & il y a peu d'hommes qui s'estudient d'acquerir
patiemment la cognoissance de
Dieu, mais plustost suiuent les
biens mortels, terrestres, & cadu-
ques, addonnez aux voluptez, à
l'ambition, & à la puissance mon-
daine. C'est pourquoy Iesus-
Christ separe son Royaume du
monde, & rejette de soy le soin
des choses mondaines, encore
qu'il aye cognoissance de toutes
choses, & qu'il soit la mesme fontaine & source. Ces choses toute-

fois mefprifées, il a annoncé le
Royaume de la fapience diuine,
lequel il faut rechercher deuant
toutes chofes, & moymefme l'or-
donne : mais ie defire fçauoir voftre opinion la deffus.

ADOLPHE.

Certainement la verité me contraint confeffer que toutes ces
chofes font ainfi difpofées, & que
mó aduis s'accordoit de point en
point auec l'opinion des enfans
de cefte lumiere : Mais d'autant
que i'entends chofes du tout có-
traire à ma croyáce, il l'a faudroit
changer. Or ie ne doute point, &
me femble du tout indubitable,
que ce myftere & fecret ne peut
eftre reuelé & cómuniqué à tous,
principalement quád en tous les
arts qui nous font donnez, tant
de la nature, qu'enfeignez par vn
maiftre. Ie cófidere que l'ó y doit

tenir vn mefme chemin, car pour
en acquerir la cognoiffance, la
grace diuine eft requife, l'indu-
ftrie, la diligence, & ardente eftude conjoinct auec grand labeur,
comme ces chofes font defirées
en toutes les autres neceffitez de
la vie. Or en ce qui m'appartient
certainement parlant de cefte
vie voluptüeufe, i'endurerois patiemment la compagnie de ces
entre-metteurs, de ces bien-en-
tendus, de ces gourmands, & de
ces defdaigneurs (quand i'ay veu
aduenir à quelques-vns vn grád
heur & felicité fans trauail) &
employerois l'vfage de ce threfor à la puiffance & ambition, &
à acquerir de grandes richeffes.

LE VIEILLARD.

Et quoy! vous ignorez que la
puiffance eft donnée aux Roys &
Princes

Princes de cé monde, affin qu'ils
reprimét la malice des hommes,
au lieu de Dieu tres-bon & tres-
grand,& honnorent la Iuſtice, la
verité,pieté, & obeïſſance, & les
multiplient affin que toutes choſes ſoyent ordonnees en ceſte vie
prudemment. Et tout ainſi que
le Iuge politique a de couſtume
de punir les meſchás par le glaiue ſeculier: Ainſi les Peres ſpiri-
tuels & magiſtrats Eccleſiaſti-
ques gouuernét le peuple Chre-
ſtien par le glaiue de l'Eſprit, du
Verbe de Dieu, & de ſes commandemens, & après auoir apporté les playes par la malediction de la Loy,ils les oignent de
l'huile de Iuſtice & gueriſſent, ſi
ce n'eſt que les tranſgreſſeurs re-
jettent la bóté & cure des playes,
toutesfois ces bleſſures de la con-

G

fcience ne doyuent eftre guaris
par les Ecclefiaftiques par le glaiue temporel, comme nous voyós
Aåron, Moyfe, & Iofué, auoir eu
les offices feparez iufques à ce
qu'ils entraffent en la terre de
promiffion, & eft auffi commandé aux fujets d'obeïr au Iuge &
Magiftrat ordonné de Dieu, de
peur que enflez d'orgueil, ils ne
s'attribuent à eux mefmes les
Magiftrats par deuoirs, & rauif-
fent les dignitez par presés, fraudes, ou puiffances, s'ils ne font le-
gitimemènt appellez : car qui
s'efleuera par deffus les autres, il
fera humilié, pour ce qu'il pro-
uient d'ambition & arrogance à
laquelle Dieu refifte grandement : car la fuperbe eft vne
Idolatrie execrable fur toutes
chofes, à caufe que Dieu eft

seul grand & puissant, & lequel
institue & gouuerne selon sa
volonté & bon plaisir tous les
ordres & degrez de la puissance seculiere, cognoissant plai-
nement toutes choses dans la
lumiere & tenebres, createur
& autheur de tout ordre de
Iustice, & des creatures, em-
peschant les arbres & les montagnes monter plus haut au
Ciel, refrenant les sectes ra-
uissantes, & reprimant la force & cruauté des Geans &
tyrans: car ceux qui resistent
à Dieu & sont contraires à
ceux qu'il a choisis, au lieu de
bien ils n'ont que du mal, bien
que le Soleil commun leur es-
claire, Dieu rauissant la force de leur puissance miracu-
leusement par vn tourbillon
G ij

de ventes, de laquelle chofe nous
rendent tefmoignage les exem-
ples iournaliers. Outre ces gens
ils fe troüuent certains qui me-
nent les grands efprits, ayans
quelque fcience des arts medio-
cres , mineures & petites des
Gentils, efleuant la puiffance de
Dieu tres bon & tres-grand, &
menans vne vie Epicurienne. Il
fe faut bien donner de garde
d'eux, principalement qu'ils font
de nature encline à mal , bien
que nous ignorions comment
le monde a efté fait par le verbe
de Dieu, & eft procedé l'efprit de
ce Verbe, & que l'Image de Dieu
eft cachée: ce que Moyfé voyoit
par derriere en la roche, & que
en ce temps-là Iefus-Chrift ne
pouuoit eftre veu des yeux cor-
porels.

ADOLPHE.

Vous faites d'estranges digref-
fiós, & bien esloignees de ce que
vous auez commencé, voulans
esclaircir les questions spirituel-
les. l'ay grand desir desormais
d'entendre la description de voftre proposition, encore que il
me semble en auoir entendu
quelques choses de vous, lesquel-
les ie ne prenois pas garde, quelles deuoient estre diligemment
balancées.

LE VIEILLARD.

L'on doit chercher d'vn mefme pas la cognoissance des biens
diuins & humains, d'autant que
les biens externes donnent en-
tree à la félicité temporelle vne
seule fois, & que la volonté de
Dieu est immuable, afin que iour
& nuiét nous meditions sa loy :

G iij

car d'icelle le falut de l'ame pro-
uient, & l'homme cognoist que
toutes chofes doiuent estre de-
mandées par prieres de cefte
fontaine de biens, qu'il faut rejetter le foin des chofes terriennes, & les biens qui nous font
donnez, les conuient garder en
humilité & modeftie, car aufli
la puiffance & aftuce du Diable
paroift tres-grande fur toutes
chofes, & perfonne ne pourroit
efuiter fa force & fa rufe, fi la mifericorde de Dieu ne nous gardoit. Que peut eftre eftimée la
felicité, le proffit & l'excellence
de l'homme, encore qu'il foit
remply de biens & de richeffes,
fi les maladies de l'ame ne font
gueries, & ne font oftees? C'e-
ftoit le plus grand benefice que
Dieu nous aye laiffé quand le-

fus Chrift noftre Sauueur cóioi-
gnoit toufiours la remiffion des
pechez à la guarifó des maladies.

ADOLPHE.

Ces chofes font à la verité tres-
certaines: mais plufieurs ne le
confiderét comme il faut, ce qui
m'arriue bien fouuent, & principalement quand ie fouille mon
ame de cupiditez & voluptez
mondaines. Mais puifque l'vfage
& poffeffió des richeffes, comme
auffi ceft œuure ne repugne à la
volóté de la Nature Diuine, l'ay
bonne efperance que i'y pourray
profiter felô le cómandement &
volonté de Dieu tres-bon & tres-
grád. Toutesfois outre ces chofes
l'aueuglement des Pharifiens me
detient quelque peu, qui ne vou-
loient croire s'ils ne voyoient
les miracles & fignes de Ie-

G iiij

fus Chrift, encore que ie nedoute
point que la foy m'eft dónée par
la grace de Dieu, neceffaire au falut de l'Ame: mais pour côfirmer
ma foy des miracles diuins, & la
cognoiffance des paraboles de ce
tres-excellent threfor, i'attés plus
exacte explicatió de vos parolles.

I'ay racóté toutes ces chofes ainfi amplemét, afin que vous enté-
diez que ce threfor ne s'acquiert
par art magique, comme quelques vns eftimét pouuoir acquerir autres chofes par ledit art, auquel il ne faut mettre fa confian-
ce, ni aucunement adioufter foy.
Mais afin que ie vous demonftre
l'occafion vraye pour laquelle
elle doit eftre cachee des enfans
de la fcience, & qu'elle ne doit
eftre donnee à vn feul: car toutes

choſes ne ſont donnees à vn ſeul.
D'où eſt tirée l'excellente parabole de noſtre Sauueur Ieſus-
Chriſt, dans S. Matthieu, ſixieſme: Que perſonne ne peut ſeruir à deux maiſtres. Et afin que
nous voyons que Dieu s'eſt de-
monſtré apertement ſoy meſme és œuures de la Nature, afin
que ſes œuures admirables ſoiét
cogneuës de tous: & veritable-
mét cela ſe fait par diuers moyés
& par contraires ſortes de tentations & afflictions, non pas en la
fange des voluptez, & comme
nous voyons Zachée auoir eſté
receu de Dieu, lors qu'il tom-
boit dans le vice de l'Eſprit, encore qu'il fuſt petit & de baſſe
ſtature, toutesfois il a voulu lo-
ger chez luy, pource qu'il auoit
vn amour magnetique enuers
Zachee, qui eſtoit auſſi donné en

efcoulant aux autres: Mais par
vne commune tache de nature
humaine: nous no° enorgueillif-
fons l'efprit,& fermons la fontaine de la douceur, cóme fi ce dón
nous eftoit donné pour noftre
feule vtilité, quand pluftoft nous
deuons faire de bonnes œuures,
& exercer les œuures de mifери-
corde enuers les pauures: mais les
fectateurs de ce monde, ces far-
ceurs & bouffons fe mocquent
aifement de toutes ces chofes:
car les richeffes changent les
hómes & leurs meurs, & les per-
uertiffent affin qu'ils facent chofes du tout contraires, & oftent le
mords de Iuftice: les richeffes ont
efté appellées de Iefus-Chrift,
Mammon. Dauantage les richeffes donnent la Sapience, & la Sageffe des pauures eft de peu d'e-
ftime quand la bourfe fonne, &

l'argent parle, & pour ceste cause
il est difficile qu'vn riche entre
au Royaume celeste , mais Dieu
cognoist & nourrit les pauures
Sages, doux & humbles, reduisât
l'abondance des richesses en pauureté (pource qu'ils estiment n'a-
uoir besoin de personne) & mon-
stre aussi que la sagesse de ce môde n'est que folie deuant toutes
choses: ainsi tres ioyeux cher-
chons le Royaume de Dieu , &
priôs auec le Prophete Dauid, que
Dieu nous donne nos necessitez
selon sa volonté & nostre pauureté, affin que nous ne nous de-
stournions du vray chemin à cause que la voye de ce monde est
grandemét lubrique, & dâgereu-
se. Aussi Salomon Roy demande
la Sagesse de Dieu, affin qu'il puisse regir & gouuerner le peuple

de Dieu à son honneur & loüange,& toutesfois receuoit de gráds
threfors de Dieu, comme Salomon luy-mefme dit , que la Sageffe criant en la voye fourcheuë
inuite vn chacun à fon amour &
eftude : car la gloire Diuine eft
gráde & excelléte, fe demóftrant
à nous en tous lieux & par tout,
& nous y inuitans, mais il y a peu
de gens qui confiderent ces chofes auec attention en cefte vie
mortelle, laquelle s'enuolát bien
vifte , femble à plufieurs neantmoins fe retirer negligemment.
Le myftere de Dieu donc eft grád
enuers ceux qui le craignét , & la
lumiere efclaire en tenebres aux
bons, par la mifericorde & Iuftice de Dieu. Pfal. 112. Afin donc
que nous n'employons ce threfor precieux du temps, & nos

forces de l'efprit & du corps à acquerir & amaffer des richeffes, &
imitions les ambitieux & fuperbes, faifons toutes chofes en la
crainte de Dieu pour le proffit &
vtilité des bons, bien que impru-
dens.

ADOLPHE.

Bien que ie confeffe ces chofes eftre vrayes, toutesfois i'ay vn
fcrupule en l'Ame, quand i'entends l'aduis des Philofophes
eftre, qu'il faut demander tout
par prieres, ce threfor de Dieu,
& le requerir.

LE VIEILLARD.

Il y a long temps que vous
m'auez ouy dire qu'il faut chercher deuant toutes chofes le
Royaume de Dieu, que Dieu
nous adiouftera & donnera à
fouhait toutes chofes, & que

l'hôme ne peut pas viure de feul
pain, mais de tout verbe procedant de la bouche de Dieu. Or en
la mefme raifon que le Diable a
tenté noftre Sauueur, de mefme
iufques à auiourd'huy il a de couftume nous tenter, principalement au temps que nous auons
befoin de quelque chofe : car où
la foy & la parole de Dieu ne
nous affifte, nous defefperons
en nos afflictions, & fommes
du tout abbatus, & pour vray dire, quand la fortune nous rit, le
mefme nous arriue : car nous fui-
uons le Diable mefme & l'autheur de tout mal, & luy demandons aide; iceluy nous promet
les chofes qui ne font pas en fa
fa puiffance, & nous precipite
aux tenebres d'ignorance : pre-
ferons donc le pain celefte à

la manne terreſtre de tant que
nous pourrons : Ce que diſent
les Philoſophes, qu'il faut prier
Dieu, en la recherche de ce threfor, c'eſt vne choſe vraye & bien
dite : car Dieu ſeul nous le donne, pourueu que nous luy de-
ſignions les moments du temps
& le moyen, & que ne pre-
ſumions pouuoir reſiſter à ſa
volonté : car il eſt ſeul la verité, la Sageſſe & la Iuſtice, rendant à vn chacun ſelon ſon me-
rite par le ſainct Eſprit, comme auſſi il a eſté eſpards par-
my les Apoſtres. Auſſi pour
ceſte cauſe il nous eſt commandé de demander tous
les iours en l'oraiſon Domi-
nicale, noſtre pain quotidien,
car nous ignorons les choſes que
nous deuons demander à Dieu,

et fouuent nous demandons les
chofes qui tourneront à noftre
dommage, bien qu'elles nous
foyent concedees pour nous tenter. L'aide et fecours feul du S.
Efprit, la fanté heureufe et les
commodités de la Paix doyuent
eftre demandees de Dieu : car
d'iceluy defcend toute fcience et
fageffe, tant naturelle que fpirituelle. Et Iefus-Chrift defiroit
ardemmét le falut des hommes,
et de là ie dis que fon Royaume
n'eftoit point de ce monde, et
qu'il eftoit venu au monde affin
de fauuer les hommes, et les retirer des tenebres d'ignorance et
des richeffes terriennes, iufques
finalement à en auoir côduit aucuns au Royaume celefte, et
pour cefte fin il nous a baillé par
tradition cefte oraifon que nous
                              appellons

Dominicalle, & nous a enseigne
comme nous deuons dresser nos
prieres à Dieu son Pere, duquel
nous sommes enfans par adop-
tion, quand cy deuant nous che-
minions deuant luy soubs les ce-
remonies de la Loy en crainte &
peur seruile. Outre ces choses
i'estime que vous sçaues que les
choses naturelles sont sorties des
supernaturelles, & que le Royaume de Dieu est Eternel, duquel
procede le Royaume temporel.
N'est-il pas vray-semblable que
le Ciel & le firmament a esté en
premier lieu preparé, & apres l'e-
lement, & le dernier de tous la
terre : apres icelle a esté fait l'hóme, nouuelle creature & petit
monde. Car Dieu commence
premierement en l'homme pour
estre en terre, comme centre du

H

cercle, comme auſſi il auoit pris
commencement du grand centre, & apres la vie & l'ame fut
miſe au corps de l'homme, la vie
& ame eternelle & immortelle:
car cela eſt ſuperceleſtiel & cóme
Ciel diuin Aſtral, & cóme eſprit
eſſentiel de toutes creatures viuá-
tes naturelles, ont eſté auparauant, & puis apres le corps elementaire comme en corps ſeul,
centre de la terre, touché au
doigt de Ieſus-Chriſt quand il l'a
nommé ſel de terre; car le ſel
conſerue toutes choſes de pourriture, comme l'on cognoiſt de
l'Ocean, mer naturelle du monde, quelle contagion ſortiroit
de telle puanteur, ſi Dieu ne pre-
ſeruoit par ce ſel ceſt Ocean, &
auſſi s'il n'y auoit mouuement.
Dauantage on confere les pa-

fteurs & miniftres de la parolle
de Dieu au fel qui conferuent
de putrefaction les membres
qui leur ont efté commis par
la predication du verbe Diuin,
& le fainct Efprit, en cefte mer
du monde. Auffi noftre premier pere Adam auoit entiere
cognoiffance de toutes creatures, & nous fucceffeurs d'iceluy, poffedons à grand peine
quelques particularitez, & re-
cognoiffons mefme que cefte
noftre cognoiffance eft impar-
faicte: Auffi aux derniers temps
plufieurs feront congregez en
plufieurs, au lieu d'vn feul
Adam, & dit on que tous les
arts deuant le dernier iugement
feront reuelés apertemét. Iamais
il ne fut donné tant de fcience &
de cognoiffance qu'il en a efté

H ij

concedé à Adam noftre premier
Pere, & à Iefus-Chrift nouueau
Adam, laquelle fcience il a laif-
fée à fon Eglife, iufques à ce que
nous entrions en la vie eternelle
en laquelle toutes chofes nous
feront cogneuës & reuelées, &
fera donné à vn chacun fa deuë
recompenfe : car en ce monde
nous fommes tourmentez par
diuerfes tétatiós fafcheries & en-
nuis, à caufe du peché par lequel
le genre humain reçoit de grandes incommoditez par l'ennemy
Satan, car ayant perdu la fimi-
litude de Dieu, nous faifons touf-
jours le contraire de fa volonté.
Outre ces chofes vous confide-
rerez auffi ce que difoit noftre
Sauueur quand il commande de
chercher les threfors qui ne font
fujets à la pourriture, ni à la pille-

rie des larrons & voleurs, mais
des threfors fpirituels, deffendás
les confciences des hómesquand
ils font extrememenr tentez,
quand aufli l'efprit & le corps
cherchent en vain le fecours humain, la crainte & peur oftez:
car en ce moment de temps l'ar-
mure celefte eft grandement requife,& alors la force qui eft des
vertus Cardinales de ces mondains, defquelles nous nous ap-
puyons au temps de la grace flo-
riffante,fçauoir eft de la beauté,
fageffe, richeffe & puiffance. La
force femble toutesfois caduque
& fragile, cóparée à la gloire diuine, laquelle conuient recer-
cher en Iefus-Chrift feul & fa parolle. Que fi donc en ce temps de
noftre peregrination veillans &
prians, nous faifons paroiftre no-

ftre Foy , Charité , Efperance,
Modeftie,Humilité & Patience,
comme l'Efpoufe de Iefus Chrift,
affin que nous fcyons confor-
mes à noftre Efpoux noftre Sauueur Iefus Chrift, nous monte-
rons au fein d'Abrahá & d'Ifaac
par l'efchelle de Iacob,& verrons
la gloire & la pierre de la foy,
auec le bien-aymé Difciple de
Dieu fainct Iean , qui regarde le
Soleil comme l'Aigle volant en
haut, c'eft à dire, la gloire &
clarté de Dieu,laquelle a efté cachée à Iacob , de laquelle gloire certes les trois Difciples ont
veu quelque efclat fur la mon-
tagne de Thabor. Mais toutes
ces chofes que i'ay defcrites ne
font à autre fin que à leur
exemple , mefprifans les richeffes mondaines, & fuyuans

le feul verbe Diuin, & fa
Loy, nous implorions l'aide &
fecours du fainct Efprit, & que
nous marchions deuant Dieu en
Foy, Efperance, Charité, Humilité & Patience, recognoiffans
mefmement quelque gouft de
cefte celefte Hierufalem, &
du Paradis, car nous appre-
nons ces chofes du feul verbe de Dieu, non pas par les
allechemens de ce monde,
car il eft feul Iufte & miferi-
cordieux. Qui defire donc la
reftauration en foy-mefme de
l'Image Diuine, s'employe aux
œuures de mifericorde & de
charité, pource que nous fommes plufieurs, vn corps en Iefus-Chrift, & feulle eft fon
Efpoufe. I'ay eu defir de vous

propofer toutes ces chofes neceffaires, encore que tous les iours
vous en retirez ou puiffez quand
vous entendez la parole deDieu,
afin que ententif à ces chofes
plus ardemment, felon le dire de
S. Paul, vous teniez pour certain
que c'eft vn grád reuenu fi quelqu'vn honnorant la pieté, ne defire chofes plus grandes: car nous
n'apportons rien en ce monde,
& fortans de ce monde, nous ne
remportons rien des biens de
fortune. Que fi Dieu nous a
donné les chofes neceffaires à la
vie, & au veftement: Il eft raifon-
nable que nous viuions contans
de ces dons: car ceux qui cherchent trop foigneufement les richeffes mondaines, ils font ordi-
nairement tentez & tombent
dans les rets des cupiditez, iuf-

ques à ce que par icelles ils soient
reduits en extreme malheur,
car l'auarice est la racine de tous
les maux, & ceux qui l'ont desiré
il se sont destournez de la foy,
plongez en extremes calamitez.
Fuis toutes ces choses diligemment, ô homme de Dieu, & en-
suy la Iustice, pieté, la foy, la penitence & l'humilité, combatant à
propos, & conçoy ceste vie eternelle, pour laquelle tu es faict, &
laquelle tu as confessé deuant
tous. Enseignez les riches de ce
monde qu'ils ne s'esleuent par
orgueil, & ne mettent leur esperance aux richesses incertaines,
mais plustost en Dieu viuant qui
donne & fournit toutes choses,
affin que les riches facent bien
aux autres, & remplis de bonnes
œuures, acquerent pour fonde-

ment,tant les threfors que la vie
eternelle. C'eft tout le fommai-
re & l'argument de toute noftre
refponfe, declarez deformais fi
longuement,affin que i'adoucif-
fe vn peu le defir qui eftoit en
vous, des biens & richeffes terriennes : car ces paroles pro-
cedent du centre celefte du Soleil de Iuftice, & des rayons du S.
Efprit par le vaiffeau efleu de
Dieu. Mais à dire vray, la vie &
beatitude celefte furpaffe de
beaucoup la terreftre, laquelle
il nous eft de befoin defirer &
enuier en cefte chair, affin que
nous foyós vne chair fpirituelle,
laquelle fubftáce de tous attraits
de ce monde,ayans guerre conti-
nuelle auec les ennemis de Dieu,
& les mettant foubs le iouc de
l'Efprit.

ADOLPHE.

Ie fuis grandement efmerueil-
lé de vous voir parler des myfteres de la doctrine celefte, & des
chofes fpirituelles, à caufe que
il y a peu de gens adonnez à
ce fecret qui ayent accouftumé
de contempler ces chofes, & aués
efcrit ces chofes fi prolixement
& obfcuremét que chacũ plus ai-
femét defireroit les richeffes que
la faincte Efcriture. Quand eft de
moy, i'ay pris grand plaifir d'entendre ces chofes, encore que
i'en aye ouy plufieurs, defquelles
iufques à ce iour ie n'ay pas fait
conte, & comme nous fommes
de nature enclins à mal ; auffi
fommes-nous moins attentifs à
bien dire & à bien faire, ou aux
chofes bien dites & bien faites.

Le Vieillard.

Nous deuons donc pluſtoſt
prendre garde à ces choſes à cauſe que ceſt œuure naturel eſt tres-
plain de la gloire Diuine, en pa-
rabolles & images, outre l'abondance auſſi des richeſſes terriennes. Mais ie ſuis faché voyant la
vie des hommes & de pluſieurs:
car peu ſont dignes de ce myſtere, & en ma ieuneſſe, ayant beſoin de toutes choſes, mocqué de
tous, à la fin difficile, receu d'vn
homme de bié, iuſques icy tourmenté par grand ſoin, ſollicitude
& de grandes diuerſes & faſcheu-
ſes afflictions, à grand peine finalement i'ay leué la teſte, & conſi-
derant, en diſant profonde-
ment par ces choſes l'aueuglement des hommes, ie tourne
mes oreilles & mes yeux obeïſ-

fant à Dieu noftre Sauueur, le
priant par vn veu folennel qu'il
me deliure, & les autres des a-
ueuglemens mondains, & femble que cela aille de mefme pied
en ce que nous voyons plufieurs
d'entre les doctes, riches, & les
autres tous presfque eftre à mef-
pris, enflez de trop d'ambition
& d'orgueil, quand toutesfois au
dernier article de la vie les richeffes & ambitions ne leur peuuent côfoler ni aider, & aufquelles forces font tellement defail-
lies qu'à peine peuuent-ils chaf-
fer les mouches. Sçauoir donc fi
l'ambition & la fuperbe, & la pa-
reffe n'en font pas feuls les caufes
pour lefquelles nous fommes en-
uoyez de Dieu en cefte lumiere,
non pour conferuer les fruicts?
Sçauoir, fi nous ne deuons em-

ployer noftre foin & folicitude
en la maniere que nous acque-
rions la Sageffe Diuine, laquelle
eft, à la verité, chaffée de plufieurs mefchamment, & n'eft
pas reçeuë en la maifon, comme
le temps paffé elle fut reçeuë
d'Abraham, de Loth, & de la
Vierge Mere de Dieu, car en
iceux elle demeura, & fe prepa-
ra en leurs cœurs vne habitation
ferme & ftable. Cefte fageffe eft
l'efprit de Dieu, & pour mieux
dire, c'eft Dieu mefme. Ce qui
affeure quelle chofe peut eftre
le Verbe de Dieu, qu'il entend
debuoir habiter en nous, car
c'eft la parfaicte Sageffe. Or il
n'habite pas en ceux qui font fuperbes & orgueilleux, & qui ne
recherchent la Sageffe, car elle
recherche ceux lefquels elle ay-

me, ſçauoir les deuots & les rai-
ſonnables, laquelle deuotion eſt
commencement de ſageſſe, d'où
procede la diuerſiré des eſtats des
hommes, tant és choſes ſpirituelles que temporelles, comme
ſont la Theologie, Iuriſpru-
dence, Medecine, leſquelles
ſont appellées arts mecaniques
& liberaux. Par ceſte raiſon
les manufactures ſont reduites
à bon & iuſte ordre par ces ſept,
le bien eſt ſeparé du mal, la
verité eſt diſcernée du menſonge. Car c'eſt la volonté de
Dieu que la lumiere vraye re-
luiſe en nous, le mal eſtant ſeparé du bien, quand apres le
peché du premier Adam par
la colere & fineſſe du Diable,
toutes choſes furent ſubuerties
& troublées, & le nouueau

Adam nous fepare de toute tache & fouilleure , comme cefte
Eue regeneree diuife le bien d'a-
uec le mal, ramene la vie & le
nouueau monde par foy-mefme
& fa parolle faincte, affin que deformais le corps & l'ame ne foiĕt
feparez l'vn de l'autre, mais demeurent ftables en l'Image de
Dieu: car c'eft la volonté de
Dieu,& en cefte façon demeure
auec nous iufques à la fin du môde. Mais le monde eftant opinia-
ftre il s'aueugle & met deuát luy
les obfcuritez Iudaïques à caufe
qu'il a demeuré ez fentiers du
vieil Adam, & toutesfois ne le
fait mourir ni l'oppreffe par la
foy au fainct facré Baptefme,
pource que la faincte operatiŏ
du fainct Efprit eft telle, par le
verbe en la foy,& fans le verbe il
n'y

n'y a rien : car c'eſt le verbe meſme de Dieu. Or qui ne croit pas
en Dieu, il eſt dans les tenebres
de la mort auec ce vieil Adam, &
n'a pas eſperance en la vie eternelle : car il ne peut perſiſter en
ſa foy ſans fondement, & eſt pa-
yen & meſchant heretique,
qui offenſe la pierre angulaire
demonſtrée de ſainct Iean, car
Dieu nous a propoſé pluſieurs
moyens par la grande miſericorde, par leſquels, ſelon ſa volonté
nous ſeyons preſeruez de tres-
grands maux & de tentations: &
peuſſions fuir l'eſprit maudit &
la doctrine meſchante, lequel
nous procure enſemble, la ruïne
de l'ame & du corps. Le deuoir
du Magiſtrat politique eſt arriué
iuſques là, par lequel le magiſtrat chaſſe la force & audace des

I

mefchans, des ceruelles des bons
& pieux,entretient la paix & concorde, deftourne toutes les fraudes & tromperies , & rend le
droict à qui il appartient, non
pas felon defir et volonté des
hommes, mais felon la regle de
la Iuftice et de la volonté Diuine,
Il faut eftimer le femblable du
Medecin et de la medecine qui
dompte toutes les fortes de maladies et infirmitez , et les chaffe
au loin. Car ceft efprit malin en-
uoye à l'humain lignage, toutes
fortes de maux, de tentations et
d'afflictions , comme font les
tromperies, la malice, les inimi-
tiez, les haines, les menfonges,
les aduerfitez, les calomnies, la
pauureté,les perfecutions,l'inco-
ftance,et les autres diuerfes efpe-
ces de tentations, cõbatans con-

tre la Foy, l'Esperance et la Charité, comme il paroist: et l'Apostre
S. Iean, S. Pierre et S. Paul, lesquels
cependant que nostre Sauueur
Iesus-Christ estoit emmené cap-
tif au iardin, demonstroient ma-
nifeste exemple de la fragilité et
inconstance humaine. Il faut dóc
ensuiure de tout nostre cœur le
verbe diuin, et l'auoir fiché dans
nostre ame, et l'asseurer par le
seau des Sacremés, afin que nous
soyons asseurez en ceste vie, et
que nous entrions en la vie
eternelle malgré les puissances
infernalles. Mais ie vous prie
que ces choses que ie vous ay
recitées si longuement ne vous
ennuyent point, et qui à l'exéple
de Tobie vous rejettiés le soin des
choses mondaines, estant cótant

de la viande iournaliere, & mettant toute voftre efperance en
Dieu vous fairez des aumofnes
aux pauures, laiffant le refte à la
volonté de Dieu. Mais afin que
vous entendiez plus amplement
ce que i'ay dit, ie vous offre ce
prefent, par lequel vous feront
declarez plus longuement & a-
bondamment ces parolles,& par
lequel vous acquerrez le gage &
ample threfor, affin que vous
cheminiez plusheureufement en
cefte nouueauté de vie,& en con-
tinuation d'éftude pour le proffit
& vtilité du prochain, & pour la
gloire du nom de Dieu. C'eft veritablement le mefme threfor,
fi moyénant l'aide de Dieu vous
en auez la cognoiffance, qui ne
fe trouue pas dans les liures des
doctes, ny dás les boëttes des fai-

feurs d'oiguens, caché deuant les
yeux des vfuriers & desbordez, &
ne peut eſtre priſe d'aucun homme, car il eſt noſtre eau, & noſtre
feu apparoiſſant aux bons pour
leur vtilité & proffit, & aux meſchans à leur ruïne, quand les meſchans en auront abuſé par les
voluptez mondaines, & leur pa-
reſſe, car les humains n'agiſſent
les choſes leſquelles ont accouſtumé eſtre cherchez auec peine
& labeur. Mais ſi vous eſtes humble, patient, modeſte, & d'vn eſprit docile, vous aurez ce threſor
du vray repos & richeſſe, & pour
ſeruir auec vtilité, Dieu & voſtre
prochain. En premier lieu ie
mettray les paroles de ce ſage
Roy & Preſtre Hermes Egyptien
& ſa table d'Emeraude, & adiou-
ſteray le ſymbole de frere Baſile.

I iiij

Valentin du compte Bernhard,
& les oſcrits de Theophraſte, la
teinture des Philoſophes, moyénant que premierement vous me
declariez qu'elle eſt voſtre opinion ſur ſe ſujet.

ADOLPHE.

Voicy finalement la fin de mô
deſir, lequel i'ay attendu deſor-
mais auec grande conuoitiſe &
ardeur. Or ſainctement ie promets que i'employeray ce threſor au profit & vtilité du prochain, & à la gloire du nom de
Dieu, & conduiray mes actions à
ceſte fin qu'il ne paroiſtra iamais
que ie le poſſede, & mon ame &
eſprit n'eſtant ſoiillez de vices &
meſchancetez, ie ne feray ſcandale à aucun, autant certainemét
que la fragilité humaine me le
permettra.

LE VIEILLARD.

Sçachez auſſi que celuy peut commodement exercer les œuures de miſericorde qui ſe contente de peu, & ſe reſioüit de petite fortune, & certainement vn bien fait prouenu d'vn pauure eſt grandement approuué de Dieu. Mais pour dire vray, quand i'ay conſideré aſſés lôguement la pureté & candeur de voſtre ame, ie me ſuisreſolu de vous donner ſur la fin de ce propos le myſtere caché du mâteau des paraboles : & voſtre deuoir ſera de trauailler à la lecture de ces propos, & des autres qui tiennent cachez, & enferment le ſecret de ce myſtere, & obſeruent la preſente commemoration eſcrite à cauſe de vous, & du reſte remettez-vous du tout à Dieu tres-bon & tres grand.   I iiij

ADOLPHE.

Certainemét (venerable vieillard) ie vous remercie autát qu'il
m'est possible, & que ie puis con-
sentir en mon ame, du grád bien
que l'ay apris de vous, cependant ie vous promets sainctemét
que i'estudieray & employeray
en la lecture de ces liures escrits
auec le san g & demanderay l'aide de Dieu tres-ardemment, &
meneray telle vie, que ie seray
aux autres l'exéple des vertueux,
& maintenant ie vous consacre
& vous offre toutes mes estudes
& ma peine à vostre vtilité.

LE VIEILLARD.

Dieu vueille que toutes ces
choses soyent ainsi par la bonté
de Dieu : que si Dieu tres-bon &
tres-grád vous donne la cognoissance de ce mystere, sois-luy

agreable, rendat à luy seul loüange & gloire, suyuant ce que dit
Hieremie 9. Le sage ne se glori-
fiera en sa sagesse, ny le puissant
se fiera en sa force, ni le riche en
ses richesses: qui se glorifie, en cela seul se glorifie, qu'il cognoist
que ie suis le Seigneur, misericor-
dieux & iuste, dit le Seigneur ton
Dieu. Ainsi soit-il.

Fin de la premiere partie.

SECONDE PARTIE
DE L'ESPRIT CACHÉ
secret de l'Or des
Philosophes.

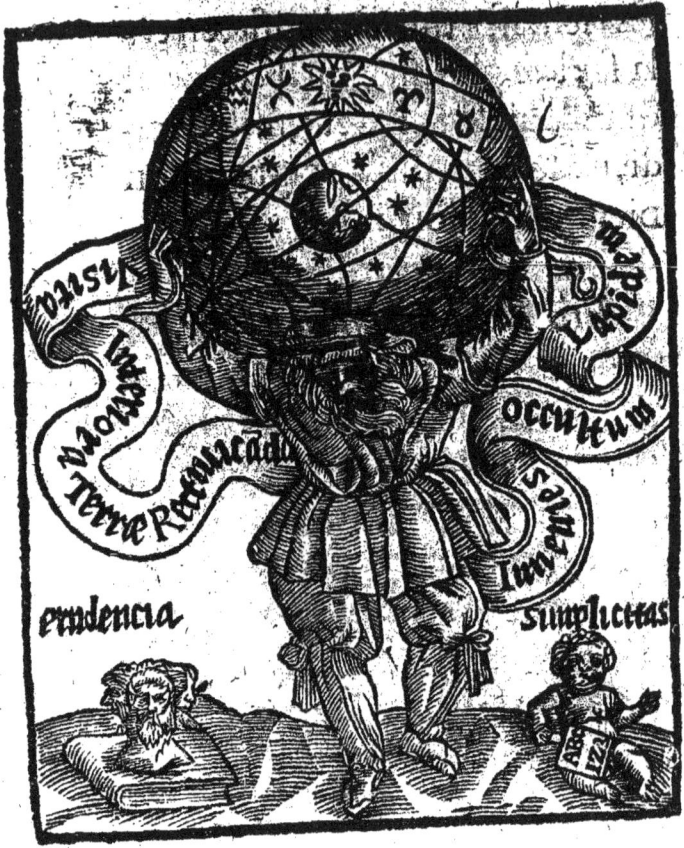

CONTENANT

*la Pratique generale de l'œu-
ure des sages & An-
ciens.*

ATLAS.

E porte sur mes ef-
paules le Ciel & la
Terre, & ie les obfer-
ue exactemét & fon-
damentalement, & recherche de
prés, premierement prudent,
puis demeurant fimple, iufques à
ce que ie rapporte le falaire deu.
Cest art & myftere ne doit
eftre reuelé plus apertement
qu'en paraboles, lefquelles on

doit exactement considerer. &
peser; on doit aussi sçauoir les liures, & voir les escrits des autres
Philosophes. Pour paruenir dóc
entiérement à cet art : Il n'est requis grand trauail ny peine, & les
despens sont petits, les instrumés
de peu de valeur: car cest Art
peut estre apris en moins de douze
heures, & de l'espace de huict
iours, mené à perfection, quand
il y a en soy son propre principe,
encore que aux autres arts il soit
requis le cours de six ou sept ans,
afin qu'ils soyent rédus parfaicts,
quelques vns toutesfois ont employé trente ou quarante ans à
grands despens, & iamais n'ont
acquis la fin de ce mystere:
Mais les artistes ausquels la fin
est cogneuë, taschent de cacher
& tenir grandement secret cest

artifice, ce que veritablement
ont de couſtume d'admirer ceux
qui s'adonnent és choſes du móde & ſes ſuiuans. Mais toutes ces
choſes ſont miſes en la miſericorde de Dieu, & ſeulement eſt requis à noſtre œuure L'AZOTH, *Aquaœ*
& le feu, qui n'eſt autre choſe *Ignis*
qui laiſſer cuire, diſſoudre, pour-
rir, coaguler & fixer: & ces choſes
peuuent eſtre faites tant du pauure & ſouffreteux que du riche,
& n'eſt beſoin d'eſcrire ceſt artifice, crainte de ne s'en ſouuenir.
Mais peut eſtre enſeigné par
condition de viue voix. Ie ne puis
plus clairement à la verité decla-
rer ces choſes, à cauſe de la force
iniuſte de quelques vns : Mais ie
dy à tout le moins & commáde;
Prenez de l'eau Lunaire ou eau
d'argent, en laquelle ſont les ra-

yons du Soleil pour ces artifices
parfaire, & cette operation, comme disent les anciens, conuient à
la verité aux femmes, encor qu'il
se trouue tant d'escrits & liures
composez à ce sujet, & qui si grãd
nombre de peuple & de grands
le recherchent auec grands despens & labeurs : mais en vain, car
la nature a mis vne barriere à tra-
uers le chemin. Apres ces choses
ou paraboles vous sont propo-
sez auec la table Smaragdine
d'Hermes Philosophe tres excellent pour plus grande & pleine cognoissance.

Les parolles d'Hermes au Pimandre.

LE Pimandré d'Hermes Trimegiste dit : Cóme vne fois entre autres ie penfois à la nature des chofes, & effeuois la fubtilité de mó efprit au Ciel, ayant lors mes fens cor-porels affoupis, comme il aduiét communement à ceux qui à cau-fe de trop grande repletion ou ennuy & fafcherie fontopprimés de fommeil, le Latin dit, Quen-dam pœna quid menfura indefi-nita, foudain il me fembla voir vne fort grande ftatue corporel-le, qui m'appellât par mon nom me demanda que veux-tu ouïr & voir, qu'eft-ce que tu fouhai-

re Pimadre & defire cognoiftre,
alors ie luy demãday qui il eſtoit,
ie ſuis, dit il Pimandre, la penſee
de la diuine puiſſance, ie feray ce
que tu veux , & ſuis auec toy
par tout, lors ie luy dis que ie de-
ſirois ſçauoir la nature eſſence &
reſſort de toutes choſes , & prin-
cipalemét de cognoiſtre Dieu: &
il me dit, aye bonne memoire, &
ie t'enſeigneray tout ce que tu
veux apprendre: comme il diſoit
ces choſes il changea de forme,
& tout en vn inſtant toutes choſes me furent reuelees en vn moment.

La

La Table Smaragdine d'Hermes ou les paroles des secrets d'Hermes.

E c y est vray & esloigné de tout mensonge, que ce qui est delous est semblable à ce qui est dessus, par cecy s'acquierent & se font les merueilles de l'œuure d'vne seule chose,& comme toutes choses se font par vn, & Meditation d'vn: ainsi toutes choses sont faictes d'vn par conionction, le Soleil en est le pere, & la Lune la Mere, le vét la porte en son ventre,la terre est sa nourrice,la mere de toute perfection ,sa puis-

K

lance est parfaicte si elle est châ-
gée en terre, separez la terre du
feu , le subtil d'auec l'espois &
gros, & prudemment auec mo-
destie & sagesse ; Il monte de la
Terre au Ciel, & descéd derechef
du Ciel en la Terre, & reçoit la
puissance, vertu & efficace des
choses superieures & inferieures:
Par ce moyen vous aurez la gloi-

re de tout; Tu repoufferas les tenebres et toute obfcurité et a-
ueuglement:car c'eſt la force des
forces qui furmonte toutes forces et chofes fubtiles, et penetre
les chofes dures et folides;en ceſte façon le monde a eſté fait et
les conjonctions et effects admirables d'iceluy:et c'eſt le chemin
par lequel fes merueilles font faites: et pour ceſté caufe ie fuis
nommé HERMES trois fois
grand,ayant les trois parties de la
fageffe et philofophie du monde
vniuerfel,et eſt parfait ce quei'ay
dit de l'œuure Solaire.

Ces paroles emportent le prix
fur toutes celles qui ont eſté rap-
portees de ceſte matiere,comme
auffi Theophraſte a laiffé ce qui
fuit parlât de cet art. Le principal
de fes dits côfiſte en cela, prenez

la Lune du firmament, changé
la du lieu fuperieur en eau, & la
reduits en terre,& alors tu perpe-
treras vn miracle efmerueillable
à tout le monde. Si vous condui-
fez l'operation iufques à la fin,
& de fon principe la iettés en
terre facée,laquelle en noftre art
eft comparée à la terre boueufe,
purgez & la nettoyez de cefte fa-
leté,alors elle reluira d'vn rayon
plus clair & fplendide: mais fi
vous la voyez changée & trifte,
ou comme pafle,lauez là au bain
de bien feance , & l'ornez de ve-
ftemens de fplédeur permanen-
te & de terre creuë de laquelle elle fe refiouït grandement, &
qu'elle demeure en ceft eftat
iufques au temps à elle propre:
car alors elle y demeure perpe-
tuellement, par lequel auffi tu

peux la deliurer des liés du tombeau. C'est le myftere de la Lune renuersee, que si tu en viens à bout tous les secrets de l'art te seront reuelez.

Le Symbole de Fr. Bazile Valentin.

LA pierre de laquelle est extrait noftre feu fugitif n'eft pas des plus precieufes, & de ce feu la pierre mefme eft conftruite de couleur blanche & rouge, & toutesfois n'eft pas pierre, en cefte pierre là nature opere & produit vne fontaine claire & lympide, laquelle fuffoque fon pere fixé, & l'engloutit iufques à ce que l'ame luy foit

K iij

finalement renduë, et que la mere fugitiue soit faite semblable
dans le Royaume : ceste pierre
aussi acquiert de grandes puissances et vertus; elle est plus vieil-
le que le Soleil, la mere preparée
par le feu, et le pere engedré par
l'esprit, l'Ame pareillement, le
corps et l'esprit cosistét en deux
choses, desquelles toutes choses sont de cest vn, et c'est vn con-
ioinct le fixe et le volatil : ces
choses sôt deux et trois et vn, que
si tu ignores la coghoissáce d'aucun d'iceux, tu seras frustré de
l'effect de l'art : Adam demeure
dans le bain, dans lequel Venus
trouue chose semblable à soy, et
ce bain fust preparé par ce Dragon antique, quand il eust perdu ses forces & sa puissance; & cecy n'est rien autre chose, dit le

Philofophe, que le mercure double en cela, fon nom eft caché,
lequel fe doit rechercher auec diligence & labeur affidu.

La fin prouue les effects.

Le Symbole Nouueau.

E fuis Deeffe excel-
lente en beauté & de
grande race, née de
noftre Mer pro-
pre, enuironnant toute la terre

K iiij

touſiours mobile,ſe iette de mes
mammelles le laict & le ſang,
cuits ces deux choſes iuſques à ce
qu'elles ſoyent conuerties en or
& en argent, ſurmontant les autres; l'enrichis celuy qui me poſſede.

O fondement tres-precieux
& tres-excellent , duquel toutes

choſes ſont produites en ces terres, bien que tu ſois de premier
abord vn venin orné du nom
d'Aigle fugitif. La premiere matiere & la ſemence blanche &
rouge de la benediction diuine,
dás le corps de laquelle la ſeche-
reſſe & les pluyes ſont cloſes que
toutesfois ſont cachées aux im-
pies à cauſe de l'ornement & robe virginale eſpars par toute la
terre ; tes pere & mere ſont le
Soleil & la Lune , l'eau & le vin
auſſi opperent en toy, l'or pareillement & l'argent en terre , affin
que l'homme mortel s'y reſiouïſ-
ſe en ceſte façon. Dieu tres-bon
& tres-grand eſlargit ſa benediction & ſapience auec la pluye,
& les rayons du Soleil à la loüange eternelle de ſon nom. Mais ô
homme conſidere icy quelles

choſes il Dieu dóne par ce preſét,
tormente fort l'Aigle iuſques à
ce qu'il baille des larmes, & que
le Lyon ſoit debilité, & qu'il deſire la mort en pleurant : le ſang
d'iceluy c'eſt le threſor terrien
conioint auec les larmes de l'Aigle. Ces animaux ont de couſtume de s'engloutir & tuer l'vn
l'autre &ſe pourſuiure par amour
mutuel, & prends la nature &
proprieté de la Salemandre: Mais
s'il demeure ſans eſtre offenſé
dans le feu, il conſomme les
grandes maladies des hommes,
des metaux & des beſtes. Et a-
pres que les anciens Philoſophes
ont eu la cognoiſſance de ce ſi-
gne et de ce myſtere, ils ont re-
cherché auec diligence le centre
de l'arbre qui eſt au milieu du
Paradis terreſtre, entrans par les

cinq portes contentieuses, la pre- ✝
miere d'icelles a esté la cognoisfance de la vraye matiere, car en
icelle naist le premier & cruel có-
bat, la seconde est la preparation
comme la matiere doit estre preparée affin de trouuer les cendres
de l'Aigle & le sang du Lyon: sur
ceste partie s'esleue vn aigre có-
bat: car le sang & l'eau s'acquierent & vn corps spirituel lucide:
la troisiéme porte c'est le feu qui
mene à fin de maturité: la 4. la
multiplication, en icelle, le pois
est necessairement requis: la 5. &
derniere porte est la proiection
sur le metal. Or celuy est glo-
rieux, riche & grand qui occupe
ceste 4. porte, car il acquiert la
medecine generale de toutes les
maladies, icelle est le grand ca-
ractere du liure de la nature,

duquel sert tout l'Alphabet : ce
myftere le plus ancien de tous
subsiste dés le commencement
du monde & de la creation d'A-
dam, & la science de nature inf-
piré de Dieu tres-bon & tres-
grand par son verbe, puiffance
admirable, feu de vie, benit ruby
tres-clair & luisant or rouge, et
la benediction de cefte vie : mais
à cause de la malice des hommes
ce myftere de nature est donné à
peu de gens, encore que tous les
jours elle soit deuant les yeux de
tout le monde, et qu'elle vit,
comme se voit en sa parabole sui-
uante.

Matiere Premiere.

E ſuis Dragon enueni-
mé eſtant par tout pre-
ſent et à vil prix, la cho-
ſe ſur laquelle ie repoſe, et qui ſe
repoſe ſur moy ſe trouuera en
moy, qui recherchera bien et diligemment mon eau et mon feu
deſtruiſeur et compoſeur.

Tu extrairas de mô corps le lion
verd & rouge, que fi tu ne me cô-
gnois exactement tu prens les
cinq cens de mon feu, il fort vn
venin de mes naseaux trop toft
mur, lequel a apporté dômage à
plusieurs, se pare donc auec artifice le subtil de l'espois , si ce n'est
que tu te resiouïsses de l'extreme
pauureté. Ie t'eslargis les forces
des masles & pareillemêt des fe-
melles, & aussi des Cieux & de la
Terre , les mysteres de mon art
doiuent estre traictez courageu-
sement & magnanimement, si tu
desires que ie surmonte la force
du feu , auquel affaire plusieurs
ont perdu le temps, les biens & la
peine. Ie suis l'œuf de nature cogneu des sages seuls , lesquels
pieux & modestes , enengdrent
de moy le petit monde preparé

de Dieu tres-bon & tres-grand
aux hómes, encore qu'il soit dóné
à peu de gens (plusieurs toutesfois en vain le desirás) affin qu'ils
facent du bien aux pauures de ce
mien thresor, & qu'ils ne mettent
leur esprit & ne s'adonnent à l'or
qui doit perir: les Philosophes
me nóment Mercure, mó mary
est l'or philosophic, ie suis le vieil
Dragon presét par toute la terre,
ie suis pere & mere, ieune & vieil,
fort & debile, mort & vif, visible
& inuisible, dur & mol, descendát
en terre & montant au Ciel, tres-
grand et tres petit, tres-leger et
tres pesant; l'ordre de nature est
souuent changé en moy en couleur, nombre, poix et mesure,
contenant la lumiere naturel'e,
obscur et clair, sortant du Ciel et
de la terre, cogneu et n'estant

rié du tout, c'eſt à dire de ſtable,
toutes les couleurs reluiſent en
moy, et tous les metaux par les ra-
yós du Soleil, le rubis ſolaire, terre tres noble, clarifiee, par laquelle tu pourras tranſmuer en or le
cuiure, le fer, l'eſtain et le plomb.

Opera.

Operation du Myſtere Philoſophie.

E ſuis vieil, debile & ma-
lade, mon ſurnom eſt
Dragon: Pour ceſte cau-
ſe ie ſuis enfermé dans vne foſſe,
affin que ie ſois recompenſé de la
Couronne Royalle, & que i'enri-
chiſſe ma famille, eſtant en particulier lieu ſeruiteur fugitif: Mais
apres ces choſes nous poſſederós
tous les threſors du Royaume, le
feu me tourmente grandement,
& la mort rompt ma chair & mes
os iuſques à ce que ſix ſepmaines
paſſent, Dieu vueille que ie puiſſe ſurmonter les ennemis. Mon

L

ame & mon efprit me delaiffent
cruel venin, ie fuis comparé au
Corbeau noir, car c'eft la recompence de la malice: Ie fuis cou-
ché en la poudre & en la terre,
pleuft à Dieu donc que de trois
vne chofe fe fift, affin que ne me
delaiffiez ô mon ame & efprit, &
que ie regarde derechef la lumiere du iour, & que de moy
forte ce heraut de la paix lequel
tout le monde regarde, en mon
corps fe trouuent le Souphe, Sel
& Mercure, ces chofes foyent bié
à propos fublimées, diftillées, fe-
parées, pourries, coagulées, fi-
xees, cuites & lauées, afin que les
feces & ordures foyét nettoyées.

Figure Seconde.

V E fi donc ces cou-
leurs, qui font plu-
fieurs, font chãgées,
& que ce heraut ap-
paroiffe rouge: car c'eft le fils tref-
puiffant & petit, ou le moindre,
n'ayát point de séblable en tout
le móde, & qui a les forces & l'efficace du Soleil & de la Lune vainqueur de to⁹ l'or rouge, la cognoif-

L ij

sáce duquel tu acquerras, si toutesfois il est purgé 7. fois par le
feu; apres ces choses produits le
dans la populace enuieuse, & qui
porte haine à la recommandation de cest œuure. Mais escoute
ce qui suit.

Figure Troisiesme.

IX hommes terrassent ce heraut & le tuent, toutesfois il leur pardonne & leur remet ceste meschanceté, quand apres ces choses il resuscite en ceste vie & se resiouït eternellement : par iceluy la plus grande partie d'iceux reuiuent ausquels il communique sa substance, la ville toutesfois est assiegée de tous costez, ou il faut qu'iceux endurét & meurét, & sont incontinét perdus au premier regard : Or les tenebres assaillant la Lune & le Soleil ce Pasteur succombe, & toutesfois ne peut estre separé à cause

qu'il n'eſt pas ſemblable à la premiere terre, & les ennemis meurent pareillement auec luy, s'ils
veulent eſtre faits participans de
l'honneur & gloire. Or de la pure grace, l'Arc-en-Ciel apparoiſt
quand le Roy les fauoriſe, & a-
lors il faut chanter ſes loüanges
& ſes effects.

Figure Quatriesme.

MAINTENANT les ennemis du Roy sont gehennez, & cognoissant leur malice, tombent par terre tous ensemblement, & qui est dauantage, ils sót declarez coulpables au second chef, & leur ville assiegée par les ennemis, & par le feu premierement, à la verité & spirituellement, & maintenant corporellemét & de mesme fin auec la premiere, ils tombent tous. Mais ce heraut comme vray Roy les ayde & assiste à cause qu'iceux sont seulement vn, & presque reduits à neant à cause de cette Eclipse du Soleil de laquelle les Corbeaux tres-noirs consument toute leur chair : &

L iiij

bleſſez de l'ame & de l'eſprit ſont
proche de leur chair pourrie, &
le ʀoy eſt nettoyé de pourriture,
& pour ceſte cauſe l'ame, l'eſprit
& le corps ſont conjoints affin
qu'ils demeurent en eux, & dix
pareillement habitent en luy: or
le fixe ʀéd ceſt autre fixe pareillement, affin que d'iceluy ſorte vne
lignée nouuelle & blanche: mais
conſidere plus auant les couleurs
de l'arc-en-Ciel demonſtrât qu'i-
ceux ſont dignes de la robe blá-
che nuptiale, que s'ils l'embraſ-
ſent amiablement ils gaigneront
la robe pourprée & dorée, & le
repos du Sabath, auquel ils ren-
dront à Dieu leur createur l'honneur deu: deſia la Lune obeïſſante baille le iour du Soleil re-
luiſant, & ceſte amie bien aymée
(l'argent) ſoit couuerte de veſte-

mens blancs comme neige: mais
toy ioyeux comprens le reſte.

Cinquieſme Figure.

C E S T E heure ie ſuis
reſſuſcité du ſepul-
chre & apparois à
mes freres mon eſ-
poux m'embraſſant, par lequel
auſſi ie rendray mon frere con-
ſtant ſpirituel & blanc en le tai-

gnant encore qu'il soit debile &
& imbecille, affin que ie luy re-
uele la force & puissance duRoy,
lequel vainqueur me doit suiure
en bref, & nous rendra semblables au Soleil, d'autant qu'il à res-
suscité en moy, ie suis donc pa-
rangóné à la mer cristaline, fixe,
& ie deplore amerement la malice & imperfection de mes freres
par laquelle se retirans de moy
conjoints aux pierres & à la poudre terrestre; ils perdét toute force, abbayans apres les choses
terriennes, & mesprisans les cele-
stes, car sans aucune remission ie
plore & iette des larmes desquel-
lesla benedictió sort & apparoist,
& ne m'estudie pas à la vanité &
impudence, comme ma sœur
Venus tousiours attentiue à ses
mondanitez folâtres. Toutes-

fois elle pourra acquerir mon
veſtement, lequel ie deuois di-
ſtribuer à cinq, pourueu qu'ils
ſouffrent viure auec moy : mais
mon frere Mars ce meſchant
& celerat trompeur apres qu'il a
eu mes larmes & pleurs, il ren-
uerſe & tue pluſieurs innocents,
& enflammé de colere rayon-
nante, il meſpriſe du tout la Sageſſe, modeſtie, & paix. Mon
frere Saturne eſt auſſi de meſme
eſprit, qui preſſé de paſſion me-
lancolique & d'auarice, ren-
uerſe le ſalut de pluſieurs,
auſſi il a la face triſte : Iu-
piter doux & clement approche de la Couronne Royalle,
ſeuere, craintif, & pluſieurs
fois ſubiect aux paſſions d'in-
conſtance, comme la plus
grande partie des hommes eſt

fujette, encor que tous les hommes doyuent eftre affemblez &
conioints en vn : mais mon frete
Mercure le plus ieune bien que
vieil par prudence, il rompt les
liens de concorde, il pleure & rit
tout enfemble abondamment
quand il cognoift eftre femblable à la Salemandre, il eft merce-
naire & operateur d'œuures admirables, femblable à celuy qui
courant de toutes parts par le
globe vniuerfel de la terre fe refiouït de la compagnie tant des
bons que des mefchans & en
fort: Si donc ils imitoyét ma conftance, le Roy celefte nous eflar-
giroit de grands biens ou le Soleil fe plaift dans les pluyes, &
apres les pluyes il dóne de grandes richeffes, comme le pere de
famille aymé ou pourfuit fa fem-

me d'vn amour ardant, reiettant
les difcordes & côtentions entre
eux & moy, ie donneray teinture
à l'argét, reduifant mô ROY en or.

Figure Sixiefme.

RELVISANT de gran-
de clarté, i'ay vaincu
tous més ennemis,
d'vn plufieurs & de

plusieurs vn, descendu de gene-
ration celebre, du plus bas il mô-
te au plus haut, la plus basse force est jointe en ce monde auec la
plus haute, ie suis vn, & plusieurs
sont en moy, multiplié par dix, ie
guaris autāt de fois mes six amis
pourueu qu'ils m'obeissét prom-
ptement en la fusion, à l'exemple de mon amie la Lune. I'ay
six robes nuptiales, & six cou-
ronnes dorees, chacune desquelles seront données à vn
chascun, affin que semblables
aux Rois ils regnent auec
moy, dominans sur ceux qui
m'ont mesprisé & mon amour,
ils seront descouuerts par le feu,
d'autant qu'ils sont soigneux
de monter de la terre, s'ils ont
esté vrayement ioyeux, blancs,
de couleur sanguine & purpurez,

donnans de grandes richeſſes,
tout ainſi que de Dieu ſont toutes choſes hautes & baſſes, commencement & fin : car il eſt A.
& O : preſent en tout lieu , les
Philoſophes m'ont orné du nom
d'Azoth , les Latins A & Z, des
Grecs α & ω, des Hebreux א ת
Aleph & Thau, tous leſquels
noms ſignifient & ſont AZOTH [ᶻ
ietté dás le feu cóme par colere[ᵃ
l'opreſſe l'eau, & les ſix autres metaux loüent grandement mon
nom, d'autát que ie les introduits
au Royaume du Soleil ; de là ils
m'appellent vniuerſel quand ie
les traſmuë en tres-pur Or, lequel
ne ſentira iamais aucun dóma-
ge par eau, feu, terre ou venin : Dauantage il ſert de remede aux
maladies des hommes ; Ie ſuis
le vray threſor Royal donné

feulemét aux pieux: Si donc Dieu
tres-bon & tres- grand te donne
la cognoiffance de ce threfor vis
modeftement auec toy,affin que
te refiouïffant en la compagnie
des meſchans , tu ne tombes en
grand danger & affliction : car il
y en a pluſieurs qui fous couleur
d'amitié machinent des embuſ-
ches à ton ſalut, & la reuelation
doit eftre de Dieu.

L'œuure vniuerſel des Philoſophes.

E vieillard eſt le pre-
mier principe reuelé
par l'art de Hermes,
car le ſouffre, ſel & mercure, le
bas comme le haut, l'aſtre du
Soleil

Soleil abondant en couleurs, le
feu, l'air, l'eau, la terre engédrez
de la generatió de Diane & d'A-
pollon, le feu masculin & l'air
fœminin signifiét la terre & l'eau,
de pois pesant & leger, stable,
constant & fugitif, despoüillé de
la robe terrestre, et le prepare
nud, enferme-le dans vn bain
chaud, cuits-le à la chaleur de va-
peurs iour et nuict iusques à ce
qu'apparoisse l'estoille, autour
de laquelle courent sept autres,
par la sphere, & soit suffoqué en
l'eau : le noir Corbeau premier
oiseau voltige à l'entour des
corps morts iusques à ce que la
Colóbe blanche sorte vn oyseau
rouge la suiuant, estains dóc spirituellement le Corbeau noir,
afin que toutes les couleurs pa-
roissent: mais la Lune corporelle

M

subsistant la Licorne se repose,
& prepare le chemin au Roy;
l'argent blanc sort & le Roy
suit de pres rouge encores soli-
taire : mais tres-pur, que si tu le
menes auec sa mere par tous les
Royaumes il multipliera son prix
de dix, & donnera de grandes
richesses & commoditez à ses
freres. Heureux trois voire quatre fois, heureux celuy qui a acquis l'entiere cognoissance de
cest art.

Declaration & explication
d'Adolphe.

ANIMA   Recttificado   SPIRITVS

Terre

Occultum

Lapidem

VISTA   CORPVS

APRES que moy A-
dolphe euſt deliberé
ſelon la cupidité de
mon eſprit d'aller à
Rome, affin que ie peuſſe plus
diligemment rechercher les ſecrets des arts, vne certaine nuiƈt
eſtant hors du logis contraint par
la foibleſſe de mes forces & deue-
nu peſant par le ſommeil, & grã-
demét affoibly à cauſe des pluyes
& tempeſtes qu'il auoit fait tout
le long du iour, i'entray dans vne
certaine cauerne ſous terre, deſquelles le nombre eſt aſſez grãd
Rome, & ayant fait ma priere à
à Dieu tres-bõ & tres-grãd, implo-
rãt ſon ayde, eſtant à ieun, & ſom-
meillãt, ie me ſuis endormy, mais
à cauſe de l'incõmodité du lieu ie
m'eſueillay à la minuit, conſide-
rant la cauerne de mon hoſtelle-

rie efleuant mon efprit aux œuures admirables de Dieu tres-bô
& tres-grand, & examinât atten-
tiuement les miferes de la vie humaine, finalement aufli balançât
exactement les fecrets & l'œuure
des Philofophes, il me fembla
ouyr quelque bruit en ma cauerne, qui toutesfois au mefme
inftant cefloit : qui me fit auoir
grand peur, penfant que ce fuît
forciers ou larronneaux : Mais
implorant l'ayde de Dieu, i'ad-
uifay vne petite lumiere loin de
moy au plus profond de ma cauerne, laquelle s'augmentant
petit à petit s'approchoit pres de
moy, & deftitué de forces ie herif
fois, & lors ie vis vn certain homme tres-lucide, comme aërien
recompenfé d'vne Couronne
Royalle ornee partout d'eftoilles

or comme ie le regarde attenti-
uement , confiderant toutes fes
parties interieures, fon cerueau
ainfi que l'eau criftaline fe mou-
uoit foy mefme comme les nuës
& le cœur ainfi qu'vn rubis rou-
giffant , entre ces chofes ie vo-

yois fes inteftins, le poulmon,
le foye, le ventricule, la veffie,
lefquelles eftoyent toutes pures
claires & lucides comme verre,
& toutesfois point de fiel, la ra-
te, et les autres inteftins aufli
apparoifffoyent, or ie ne puis
exprimer par paroles, fa clarté et
pureté, et comme tourmenté
par fonge et vifion, à la fin ie
m'efcriay ô Seigneur mon Dieu
deliure-moy de tout mal : mais
ceft homme aprochant de moy
me dit, Adolphe fuy-moy, ie
te monftreray les chofes qui te
font preparées affin que tu puif-
fes paffer outre des tenebres à la
lumiere, lors ie dis l'ignore qui
tu es, l'efprit du Seigneur du Ciel
& de la terre me conduife, &
il me dit fuy-moy : car d'autant que tu m'aimes & mon

M iiij

Seigneur tu feras auffi pareillement aymé de moy, & toy tu
loüeras le nom du Seigneur
grandement, ces chofes dites, finalement entré au profond de la
cauerne, côfiderât plus attétiue-
ment toutes ces chofes,ie vis en
fa couronne vne fort reluifante
eftoille rouge, les rayons de laquelle penetroient tout mon
corps & mes entrailles, fa robe
eftoit de lin blanc parfemée
de fleurs de diuerfes couleurs, la
couleur verde reluifant fort au
dedans,outre ces chofes vne certaine vapeur toufiours mouuan-
te montoit de fon cœur au cerueau & du cerueau au cœur: en
fin donc il esbranla de la main la
muraille par vn fon grand & ef-
clatant,& fe retira de deuât mes
yeux,de cecy derechef les gran-

des tenebres, la folicitude & la crainte faififfent mon ame, & le Soleil fe leuant ayant allumé vn cierge, cherchant diligemment le dedans de la cauerne ie voy la muraille esbranlée & trouue vn coffre de plomb, lequel ayant ouuert ie voy le liure aux fueil-lets, duquel, qui eftoyent de he-ftre, eftoit mife en efcrit comme pour memoire, la figure parabo-lique du vieil Adam, & ie la tour-nois iour & nuiét de la main iuf-ques à ce que par vne feule voix ce fecret me fut reuelé, par le-quel i'ay cogneu entierement plufieurs chofes admirables. Ie regardois au Midy où font les chauds Lyons, & és lieux fuiets aux Poles & au Septentrion, dans lefquels lieux les Ourfes font, & chantois par hymnes &

loüange le nom du Seigneur, &
cognoiſſois le myſtere de ce liure
cacheté de la nature, lequel ſecret
comme auparauant, il auoit eſté
adiouſté, ie le mettray auſſi en ce
lieu.

Le Symbole de Sa-
turne.

ADAM eſtant char-
gé de vieilleſſe, n'a-
yant pas obeï à la
Loy de Dieu auec
la femme, auoit tourné ſur
ſoy la ſentence de malediction,
& tous deux deſcheus & remplis de crainte, fuyans ſe ſont
cachez dans les buiſſons & eſpi-

nes, & meus de honte & de
vergongne à caufe de la nudité
de leurs corps, ils fuffent auffi
morts miferablement, fi la mifericorde de Dieu le Createur
tres bon & tres-grand ne les
euft reduits à l'aduenir en leur
premier eftat: car deuant qu'ils
fuffent renouuellez ils engen-
droyent des enfans imparfaits,
& comme ils fe furent eux-mef-
mes rendus indignes de la
poffeffion de ce jardin, &
auffi qu'ils deuoyent eftre reuelez à tout le monde, ils furent iettez de ce iardin de
delices par vn rayon de feu,
& combien que vrayement
ce Iardin abondoit de dou-
ceurs & de delices toutesfois Adam auec fa femme
le furpaffoit de plufieurs

generations. Il y a au Latin le
multis parasangis , qui signifie
trente stades de terre. Mais comme ils furent iettez hors d'iceluy
Eue femme meuë d'inconstance
sortit premieremét: Adam homme constant et magnanime , ne
voulant ceder qu'apres auoir

receu six playes: mais Eue reçe-

üoit le fang qui s'efpandoit de
fes playes, et le gardoit le tirant
du iardin de pareilie force aimā-
tine, car il eſtoit affoibly de ces
premieres forces, qu'il ne pouuoit recouurer iuſques à ce que
lauez enſemble dans vn meſme
bain, et s'aymant mutuellemét,
ils deſiraſſent la mort tous deux,
et derechef reſſuſcitaſsét en vn,
et apres la mort ils engendraſſent
vn enfant d'eſſéce ſupréme: Mais
ceſt enfant deſirát pareillemét la
mort a reſſuſcité affin qu'il pene-
traſt toutes choſes, & doit eſtre
multiplié par dix: car ſes freres
imparfaiꞔts & debiles le comba-
tent & l'attaquent : car ſi cela
n'eſtoit tout le labeur ſeroit vain
& ſans profit:Or apres ces choſes
ils meurent tous enſemble auec
luy, à la fin reſſuſcitant & regnás

auec luy reluiſans & rayonnans
comme le Soleil de la terre : car
leur volonté eſt obeïſſante au
Roy, de cecy ayant acquis des richeſſes eternelles qui feront dix
fois, cent fois & mille fois.   A
Dieu ſeul duquel procede toute ſageſſe ſoit honneur & gloire.

Ainſi ſoit il au Mercure, lequel
bien qu'il ſoit ſans pieds court,
comme l'eau, ne moüillant
les mains, & opere tout metal-
liquement.

F I N.

POEME
PHILOSOPHIC
SVR L'AZOTH DES
PHILOSOPHES.

Par le sieur de NVISEMENT.

S I l'Art pouuoit creer les princip es des choses,
Comme il peut accomplir les puissances encloses
Es principes creés, & les multipliet ;
Nature aux pieds de l'Art viëdroit s'humilier:
Au lieu que deuant elle il flechit & s'incline;
Car s'il a de la gloire elle en est l'origine.
Comme experte maistresse , & luy comme ayde
    expert,
Elle fait ses aprests , dont apres il la sert.
  Les principes prochains dont ceste grande ou-
    uriere
Compose des metaux la matiere premiere;

Et ceux dont l'elixier par l'art se doit former,
Pour des corps imparfaits les deffauts refformer;
Sont en estre, en substance, & vertus vniformes
Pareils en qualitez, mais diferens en formes.
Nature les prepare; & en les preparant
Elle rend à nos yeux leur aspect different.

  Au centre de la terre elle tient sa boutique,
Ou d'engin admirable elle assemble & fabrique
Des principes premiers ces principes prochains;
Dont elle va formant de ses expertes mains
Vne masse confuse, où par poids elle assemble,
Les quatre qualitez des deux spermes ensemble.

  Ayant meslé l'eau seiche auec l'esprit puant,
Sa fournaise elle enflamme, & les va transmuant
En substance fumeuse, ou vapeur qui sans cesse
Monte, si quelque obstacle opposé ne l'abaisse.

  Si rien ne la reprime à force de voller
Elle eschappe fuitiue; & va former en l'air
Quelque instrumēt du foudre: ou l'aspect fatidique
D'vne errante Comethe, & feu Metheorique.

  Mais trouuant vn rempart qu'elle ne perce pas,
Elle est reuerberee, & recourbée en bas.
Puis s'escartant pressée, aux plus estroites veines
Des rochers sourcilleux, & mōtaignes hautaines,
Elle y est retenuë auec l'effort puissant
De vertu mineralle; à elle s'vnissant
Du tres-ferme lien d'vnion perdurable,
Par la douce action de chaleur amiable;
Qui iour & nuict persiste, afin de conuertir,
En metal, la vapeur qui ne peut plus seruir.

  Ainsi donc la nature a pour toutes estoffes
                                                  Ceste

Ceste double vapeur commune aux Philosophes,
Qu'elle rend accomplie, autant que le permet
Et le temps, & le lieu, où la vapeur se met.
Car si elle rencontre vne impure matrice,
L'ambrion qui s'y forme est taché de son viee,
Et si l'auare main de l'auide marchant
Du ventre maternel va l'enfant arrachant,
Auant les ans premiers destinez à leur estre,
C'est vn fruict abortif, qui meurt premier que
    naistre.

    Le clair-voyant Hermes d'vn œil de Linx
    ouurit
La terre iusqu'au centre ; & subtil descouurit
Les secrets plus profonds où nature ennieuse
Employe en se cachant sa main industrieuse.
    Il luy veid marier Mercure auec Venus ;
Qui dans la couche aymee, entrelacez & nuds,
Engendrerēt l'enfant où leurs sexes s'assemblent.
Ressemblāt à tous deux, qui point ne luy ressemblēt.
    Venus se sentant grosse elle explora du sort,
De son cher Ambrion la naissance & la mort.
Trois Oracles diuers l'affligerent confuse ;
Et nul d'eux toutesfois mensonger ne l'abuse.
Le premier luy presage vn fils au fer soumis :
L'autre luy a pour l'onde vne fille promis :
Puis le tiers luy annonce vne engeance nouuelle,
Qui naissant fille & fils, n'est masle ny femelle :
Et dont la fresle vie en l'air doit expirer,
Ces contraires destins font Venus souspirer,
Pleine d'impatience ; attendant la iournee
Qu'esclorra de son fruict la triple destinee.

           N

Sa naiſſance conforme aux preſages diuins,
Pour ſa mort luy fait croire aux mois des trois
   deuins.
Il naiſt maſle femelle, & n'eſt homme ny femme,
Le glaiue, l'onde, & l'air luy deſroberent l'ame:
Tué, noyé, pendu, en l'auril de ſes ans,
Honoré du beau nom de ſes diuins parents.

   L'aueugle en tel myſtere aura cecy pour fable,
Qui eſt aux deſſillez hiſtoire veritable.
Car les principes vrais par nature alliez,
Sont ces diuins amans au ioug d'Himen liez:
Et la double vapeur qui de ces deux s'exalle,
Emportant de chacun ſa portion egalle,
Eſt cet Hermaphrodit, auquel ſont contenus
Les deux ſpermes diuins de Mercure, & Venus.

   L'Art imitant Nature accomplit l'œuure en-
   tiere,
Par la meſme pratique, & la meſme matiere,
Au ventre d'un clair vaſe en globe rondiſſant,
L'agent au patient bien purgez vniſſant:
Deſquels le feu fait naiſtre vne vapeur ſubtille,
Qui maintesfois s'eſleue, & maintesfois diſtille,
Deſanimant les corps qui la vont produiſant,
Puis auec leur propre ame en eux ſe reduiſant.

   C'eſt l'Azoth, c'eſt l'eſprit, c'eſt l'ame fugitiue,
Qui fumée inuiſible, en tournoyant arriue
Au haut de noſtre globe, où perdant force & cœur,
Viſiblement retombe en perleuſe liqueur:
Et non point l'argent vif, commun, froid, & hu-
   mide,
Encor qu'il apparoiſſe eclatant & fluide.

Ains vn Mercure extrait des corps subtiliés,
Par l'argent vif vulgaire ouuerts & destiez :
Esprit qu'on peut nommer Mercure de Mercure;
Plus subtil, chaud & meur, que celuy de nature.

Par cest esprit visible au Ciel glorifié,
Nostre Laton immonde est tant purifie,
Qu'il deuient medecine infinie en puissance,
Pour exterminer tout, ce qui tout corps offence.

Qui a veu cest Azoth a veu nostre Elixir;
Car de nostre Elixir nostre Azoth doit issir :
Puis qu'Elixir n'est rien qu'vne eau Mercurielle,
Et que l'on nome Azoth la vapeur qui sort d'elle.

Elixir est le corps en Mercure reduit;
Et l'Azoth est l'esprit qui des deux est produit :
Tout ce fait eau, par l'eau, mais eau qui rien
   ne mouille,
Et ne se ioinct sinon à sa propre despouille.

Or l'on peut ce grand œuure en trois parts di-
   uiser,
Et sous trois noms diuers le secret desguiser.
Rebis est le premier, quand la pierre on compose:
Et qui les deux cõioints ne sont plus qu'vne chose.
Elixir le second, lors qu'en nostre cercueil
Flotte vne mer d'argent sous des voilles de dueil.
Azoth est le troisiesme, alors que dans le vuide
Du globe diaphane, vne vapeur lucide
Hors de ces flots s'esleue, & se condanse en haut:
Puis rechet quand la force à ses alles defaut.
Esprit qui rauit l'ame, & dans son sein la cache,
Lors que des corps pourris la teincture il arrache,
Teincture, huille, ame, soulphre, extraits par no-
   stre agent :

Viue eau qui brille, & roulle aussi claire qu'argêt,
Sous l'espee esclatante, humide, & inconstante
De l'esprit epuré de ceste mer flottante.

Comme apres que la terre aura son eau repris,
L'ame, & l'esprit seront dessous les corps compris:
Corps, & terre ou il faut que l'or meure & pour-
    risse,

Comme le sperme humain en l'humaine matrice,
    On void les vegetaux par la terre produits,
Par putrefaction estre en terre reduits:
Terre qui en vertu la premiere surpasse,
Par son sel qui l'anime, & qui la rend plus grasse.

    Ceux qui du labourage ont pratiqué le train,
Ont eu soin de la paille aussi bien que du grain:
Car la paille pourrie en graisse conuertie,
Se reioint à la terre, & luy donne la vie;
Dont apres, son grain propre, en vn tel champ
    semé,
Est plus abondamment produit & animé.

Les metaux, du Mercure, ont tiré leur semence:
Il est leur propre terre : & luy seul a puissance
De les reduire en luy par putrefaction,
Pour donner aux parfaits plus de perfection.
Car nos corps submergez dans les flots du Mer-
    cure,
Et transmuez en luy par propre pourriture:
Sont la terre feconde, & les champs fructueux,
Où nos beaux grains semez se font plus vertueux.

FIN.

www.ingramcontent.com/pod-product-compliance
Lightning Source LLC
Chambersburg PA
CBHW070407090426
42733CB00009B/1572